北欧小清新

先锋空间 编

华中科技大学出版社
http://www.hustp.com
中国·武汉

北欧风格的幸福感营造

撰文：林仕杰、陈婷亮

北欧风格是欧洲北部国家挪威、丹麦、瑞典、芬兰及冰岛北欧五国的设计风格，它抛却了传统欧式风格奢华、繁复的特点，将家居用品进行现代的诠释，设计主旨为简单、实用，而又不失美感和格调。北欧风格与传统的欧式拥有截然不同的面貌，在“高冷”的北欧地区，人们喜欢更加自然、不做作的家居设计，喜欢线条更简约的设计，同时又具有北欧地区独特的审美趣味。

现代人对家居空间的追求，不再只是一个可以遮风挡雨、栖息的地方，而是要有风格、能够呈现自己品位的宜人场所。北欧风格因其清新、温暖、平和、简约的特点，近些年来越来越受到大家喜爱。清淡的色彩配比、贴近自然的材质、带有圆润弧度的家具，让在外忙碌一天的主人，回到家就可以享受恬静的气氛及慢步调的生活情趣。

实际上，北欧风格的前期是由几位重要的现代建筑设计大师在 20 世纪 20 到 30 年代奠定的，他们奉行的理念是简洁、凝练，即所谓 less is more（少即是多），线条简单、直接，色彩不那么缤纷却带有理性色彩，可以说北欧风格也非常契合东方的审美哲学。在室内设计方面，室内的顶、墙、地三个面，去除多余的纹样和图案装饰，只用线条、色块来区分点缀。在家具设计方面，抛却雕花、纹饰，简洁、直接、功能化且贴近自然。喜欢与阳光和大自然亲近，棉麻材质、浅色实木、绿植元素是北欧风格的经典要素，这样的家居空间给人感觉舒适亲和，很有“家”的感觉。

北欧风是近几年家居设计的主流，也具有其他风格无可比拟的优势，相比于传统的以法式、意大利风格为主的欧式风格，更加注重居住的本质和功能，而去除多余的装饰，也让造价和做工更加亲民，从而可以在大范围流传。相比现代简约风格，北欧风格则多了温暖的气质，它选用更加亲肤的棉麻材质、纹理自然的木料及皮质，在色彩方面也多以柔和的彩色进行点缀，色彩大胆、缤纷，且没有局限，构成北欧风格亲切的气质；相比工业风，北欧风格的个性更加柔和，没有那么多的棱角，更小家碧玉，因此，也更容易被广大家庭所接受。

不得不说，经典的北欧风格确实能给人带来治愈的幸福感，墙面不做多余修饰，留白即可。同时，比起冰冷的瓷砖，北欧风更喜欢使用木地板接近自然的质感，光脚走在带有木质天然肌理的地板上，是与自然最直接的亲密接触。

软装及家具则成了空间的调色板，总体偏好用色彩明媚的布艺家具，喜欢增添一点低饱和度、明快的糖果色，柔美的粉红色、清新的鹅黄色、粉蓝色等，为空间带去更多愉悦 造型上比现代家具更加小巧而有设计感，例如三人沙发搭配舒适的单人座椅，使用地毯、沙发抱枕和毛毯，整体空间有一种温暖环绕的感觉。

空间内的软装配饰不求多，适当点题就好，例如木质相框、简约的北欧风陶瓷摆设等，北欧风的特色灯饰游走在建材与装饰之间，个性化、有设计感的灯饰也为空间带来温暖的氛围。当然，绿色植物，也是不可或缺的软装要素。
本书在充分研究当下的北欧设计新趋势和特点基础上，精选北欧风格最新的住宅案例近 50 个，并以全案分析形式，从北欧风格的创意设计、材料运用、色彩选择及家具、配饰元素运用等方面全面、详细分析其设计特点，让读者能更直观地理解北欧风格在当下的流行趋势，以及在中国的演变（即本土化）的过程，从而可以更加游刃有余地诠释北欧风格。

林仕杰
2006 年 崑山科技大学 空间设计系
2010 年成立甘纳空间设计工作室 / 创意总监

陈婷亮
2006 年崑山科技大学 空间设计系
2007—2011 年专业设计师
2012 年 甘纳空间设计工作室 / 设计总监

甘纳空间设计成立于 2010 年，以空间改造有无限可能为宗旨，为空间创造出未来“be going to”将要的美好愿景。“甘”为愉悦甜美，“纳”则取其容纳之意，代表着甘纳以谦卑态度面对空间与人之间的关系，进而设计出美观与实用兼具的空间。

设计师：李玮珉

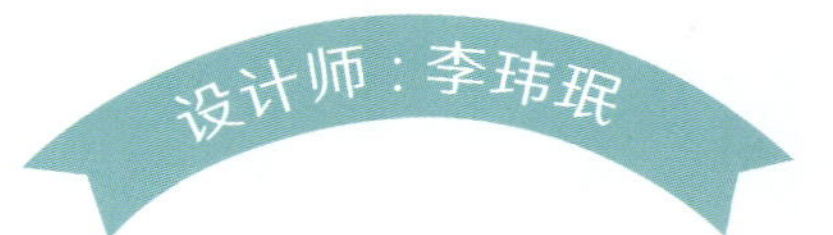

原木家居的精致美学

这是用原木结构打造的温馨之家，书柜与居室几乎融为一体，在流畅、利落的木线条中透出温暖的光线，照亮了书籍与收藏品。边柜上摆放的艺术画作与装饰品在台灯的照射下显得格外灵动。而餐厅的吊灯设计则是点睛之处，其造型犹如漫天散落的花瓣，纯白的灯有着一种浪漫优雅的气质。

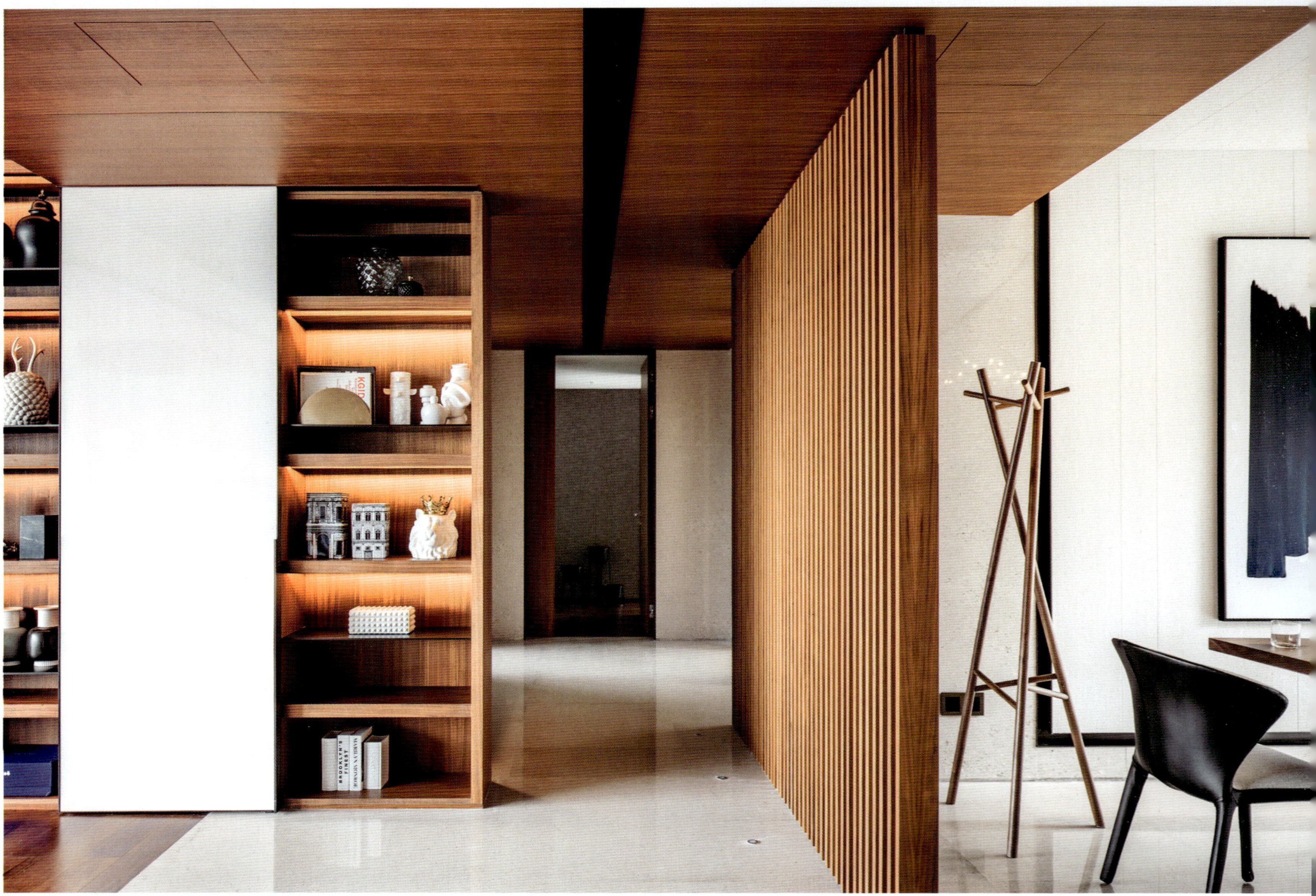

项目名称：汉京九榕台
PEAK BOULEVARD
地址：广东省深圳市前海自贸区
室内设计：李玮珉
软装设计：周晓东 /M+ 木智美家
艺术总监：赵雷 /MZGF
项目面积：185 ㎡
摄影师：隋思聪

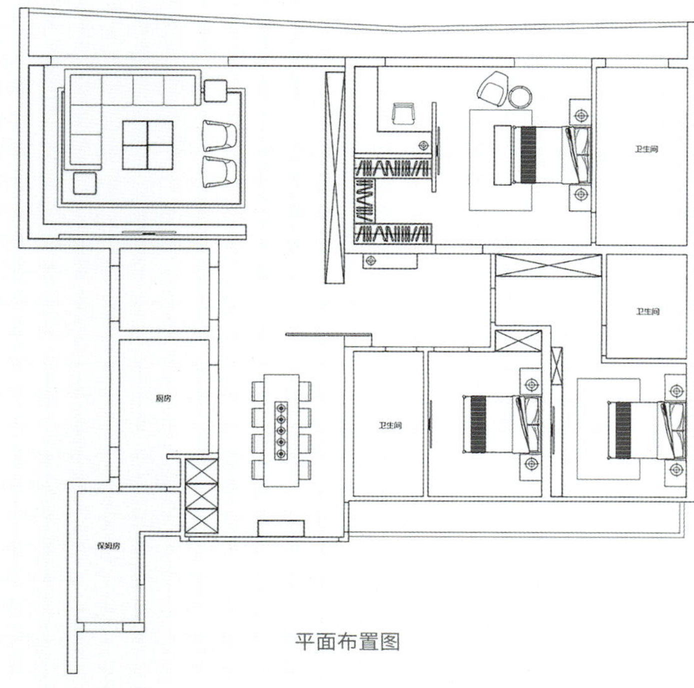

平面布置图

色彩搭配

色彩选择上，在阳光与树影的包围下的公共区域，设计师选择以鲜亮、高雅的孔雀蓝单人沙发椅搭配大量低调的高级灰，打造出空间的通透感与现代都市氛围。在艺术品的选择上，点缀大量使用黄铜元素的设计型灯饰，塑造出柔和、富有活力、优雅且品位不凡的室内格调。

家具搭配

为不阻碍绝佳视野与室外风景，在客厅区域设计师选择落地式低角度沙发搭配同样低角度的茶几。沙发通体线条利落流畅，坐感舒适。几何堆叠的茶几犹如高低错落的独特建筑，大理石台面光亮如镜，如湖水般倒映着窗外与室内的两重风景。两侧空隙，角度稍高、灵活独立的边几，一圆一方，与稳重的沙发形成一种动静结合的艺术感。

设计说明

汉京九榕台位于深圳前海国际自贸区，小南山半山。它坐拥山海，景观稀有。距离香港仅一道浅浅的海湾，地理条件优越。

本次设计目标为九榕台小高层 B 户型其中一套，南北通透，一侧视野开阔，南山公园与蛇口海湾尽收眼底，另一侧绿林静谧，鸟鸣蝉叫清脆入耳。业主在一海之隔的香港从事金融行业，注重生活品质，工作紧张繁忙，周末度假放松的需求占据主导地位。设计总监仔细研究原始房型图与业主需求后，除了十分注意在日常居住的功能设计之外，还通过各种软装搭配手段和布置技巧，突出整体空间的度假休闲气氛。

客厅、餐厅与主卧的美学格调延伸至包括隔间与廊道在内的每一个角落。营造出一种低调、轻盈、圆润、柔和、优雅，同时又不失年轻活力的家居生活氛围。

色彩/搭配

色彩选择上，在阳光与树影的包围下的公共区域，设计师选择以鲜亮、高雅的孔雀蓝单人沙发椅搭配大量低调的高级灰，打造出空间的通透感与现代都市氛围。在艺术品的选择上，点缀大量使用黄铜元素的设计型灯饰，塑造出柔和、富有活力、优雅且品位不凡的室内格调。

家具/搭配

为不阻碍绝佳视野与室外风景，在客厅区域设计师选择落地式低角度沙发搭配同样低角度的茶几。沙发通体线条利落流畅，坐感舒适。几何堆叠的茶几犹如高低错落的独特建筑，大理石台面光亮如镜，如湖水般倒映着窗外与室内的两重风景。两侧空隙，角度稍高、灵活独立的边几，一圆一方，与稳重的沙发形成一种动静结合的艺术感。

设计说明

汉京九榕台位于深圳前海国际自贸区，小南山半山。它坐拥山海，景观稀有。距离香港仅一道浅浅的海湾，地理条件优越。

本次设计目标为九榕台小高层 B 户型其中一套，南北通透，一侧视野开阔，南山公园与蛇口海湾尽收眼底，另一侧绿林静谧，鸟鸣蝉叫清脆入耳。业主在一海之隔的香港从事金融行业，注重生活品质，工作时间紧张繁忙，周末度假放松的需求占据主导。设计总监仔细研究原始房型图与业主需求后，除了十分注意在日常居住的功能设计之外，还通过各种软装搭配手段和布置技巧，突出整体空间的度假休闲气氛。

客厅、餐厅与主卧的美学格调延伸至包括隔间与廊道在内的每一个角落。营造出一种低调、轻盈、圆润、柔和、优雅，同时又不失年轻活力的家居生活氛围。

材料/运用

客厅中定制的大块米色地毯，很好地衬托出天鹅绒软包沙发与软包椅的温柔亲肤感，大理石与木结合的家具则与室内硬装中大量石材、原木元素相呼应。餐厅设计师根据业主需求定制 3 米长桌，搭配可堆叠的现代软包餐椅，闲时可供两人独酌，热闹时又可容下多人举办沙龙酒会。胡桃木桌面配合线条感极强的金属流线型桌脚，与硬装中的木栅隔断相得益彰。主卧选用具有包围感的软包床，床头柜沿用统一设计元素的木作，搭配柔软温暖的羊毛地毯，整个卧室显得稳定而温馨。

软装设计：周晓东

会呼吸的氧气美宅

在明亮透气的客餐厅内种上琴叶榕，白色的花瓶中定期插上心仪的鲜花。开阔、宽敞的阳台是主人最花心思的地方，花架上摆满了主人心爱的花瓶物件，比起生硬的装饰物更多了一份情感的温度。经过主人悉心栽植的鲜花和绿植让居室的角落焕然一新，生活的心情也自然不同。

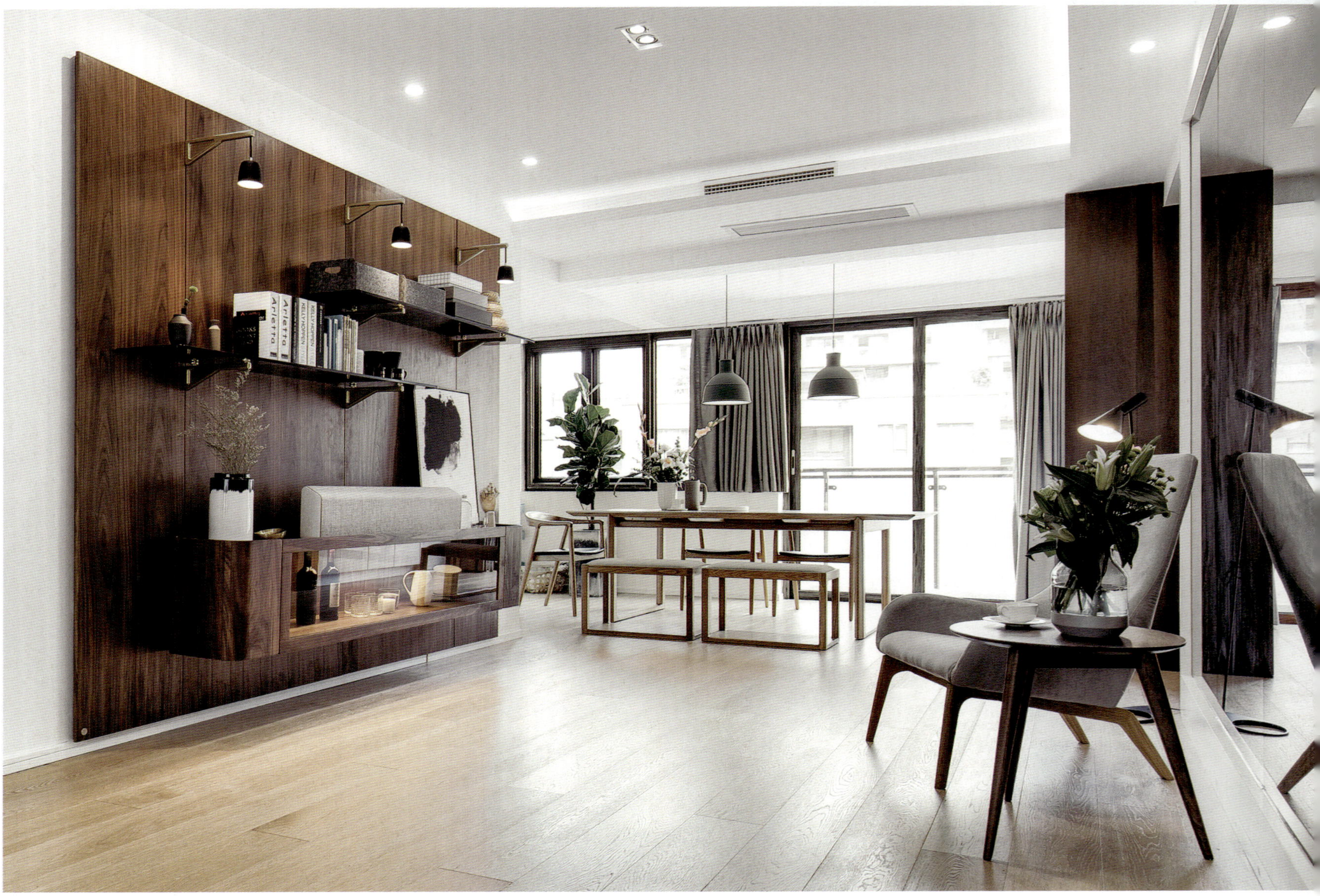

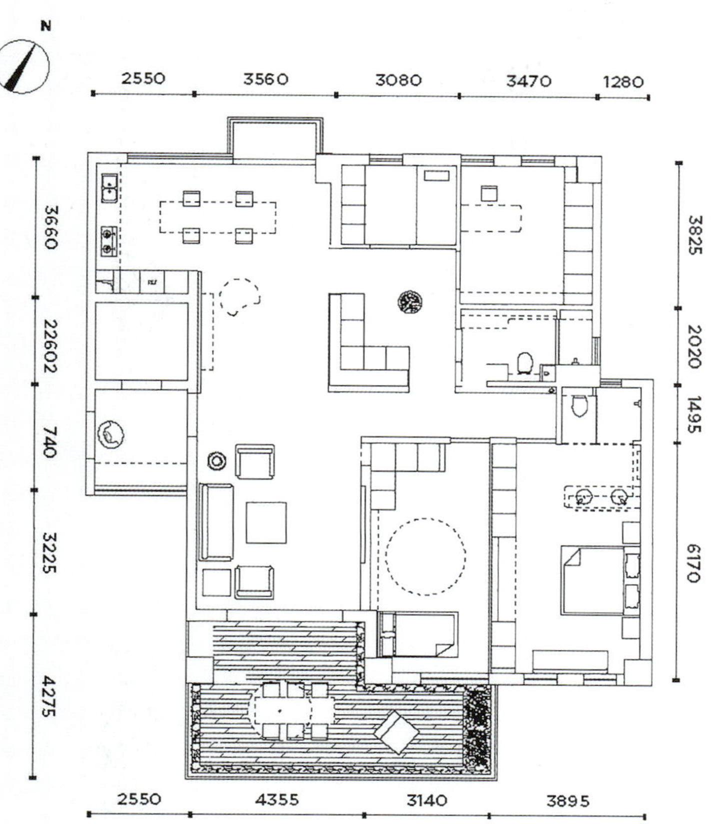

平面布置图

项目名称：和家园 · 紫园
地址：浙江省杭州市西湖区
室内设计：梁景华
软装设计：周晓东 /M+ 木智美家
艺术总监：赵雷 /MZGF
项目面积：178 ㎡

设计说明

本次案例是紫园 B 户型其中一套，房型方正，南北通透，整面落地窗让山景和阳光一并走入室内，充足的光线让空间明朗开阔。业主为三口之家，希望在温馨的家庭生活之外，融入精致品位，满足个性需求，在保留个人空间的同时，有更多公共区间与家人亲密相处。在绿林中创造一个温馨、有趣的家，这也正是设计师的兴趣所在。

大面落地窗让客厅采光充足，因此在灯饰上并没有多做文章，采用小射灯点缀气氛，着重于突显空间的简洁。餐厅的大餐桌承担了用餐与临时工作台的双重功能，软包凳灵活、实用性强。书房选用充满质感的实木书桌营造精致的办公氛围，顶墙书架储物空间非常大，开放式设计既方便存放书籍、增加书卷气息，也能用来展示藏品，给人赏心悦目的感觉。书房需要满足办公、阅读、学习等需求，对采光和照明的要求较高，因而家具与物品摆放追求整洁有序，只需要少量的摆件与装饰画体现雅致品位。

材料/运用

客厅是一个家的中心，对有小孩的家庭来说尤其如此，舒适、耐脏的灰色软包沙发搭配贵气的黑胡桃木色家具，用自带高级感的大理石及金属元素提亮空间，将客厅打造成了一个舒适与高品位的结合体，营造现代时尚又不失温暖的家居氛围。餐厅靠山，温润的原木色家具成为设计师的首选，白橡木餐桌搭配同色餐椅与软包凳，配合山景，彰显清新、自然的生活气息。

空间/规划

与业主充分沟通后，设计师着手调整了原有空间格局。原房型结构过于紧凑，动静分区不明显，在打通几处墙面后，空间中出现环线，使得公共区域的透气感更加明显，动线更为合理。开放式的餐厨区，同时从窗户和通往阳台的落地玻璃门引入光线，打造一个明媚、舒适的烹饪和就餐环境。客厅部分设计师选用留白的手法，为小孩留出更多活动空间，还让深沉的软装风格与留白空间形成强烈对比，打造气韵悠长的进深感。

色彩搭配

餐厅中淡绿色吊灯为空间增添灵气，格调立显。主卧同样采用柔和、优雅的中性色，选用实木色家具搭配素色床品，细节丰富的实木床提升了空间的表现力，床头色彩鲜明的挂画恰如其分地打破了空间的单调，营造轻松舒适的入睡氛围。儿童房则以粉绿色为主背景色，融入卡通元素，显得清新又有活力。露天阳台是赏景休闲的好地方，设计师使用大量的花草、蜡烛来营造浪漫的氛围，白色户外休闲椅搭配几何图案抱枕，明朗的颜色让心情更加放松。

软装设计：周晓东

温暖宜人的木质风情

原汁原味的木质空间在光线充足的居室内显得格外温暖，利用泼墨纹样绒面地毯通铺地面，为空间注入沉淀已久的人文气息，沙发上也饰以麂皮绒面抱枕和摇粒绒盖毯，灰蓝色纯棉床品把卧室平衡到一个舒适的温度，在柔软的对比中衬托出一种宁静致远的闲适。

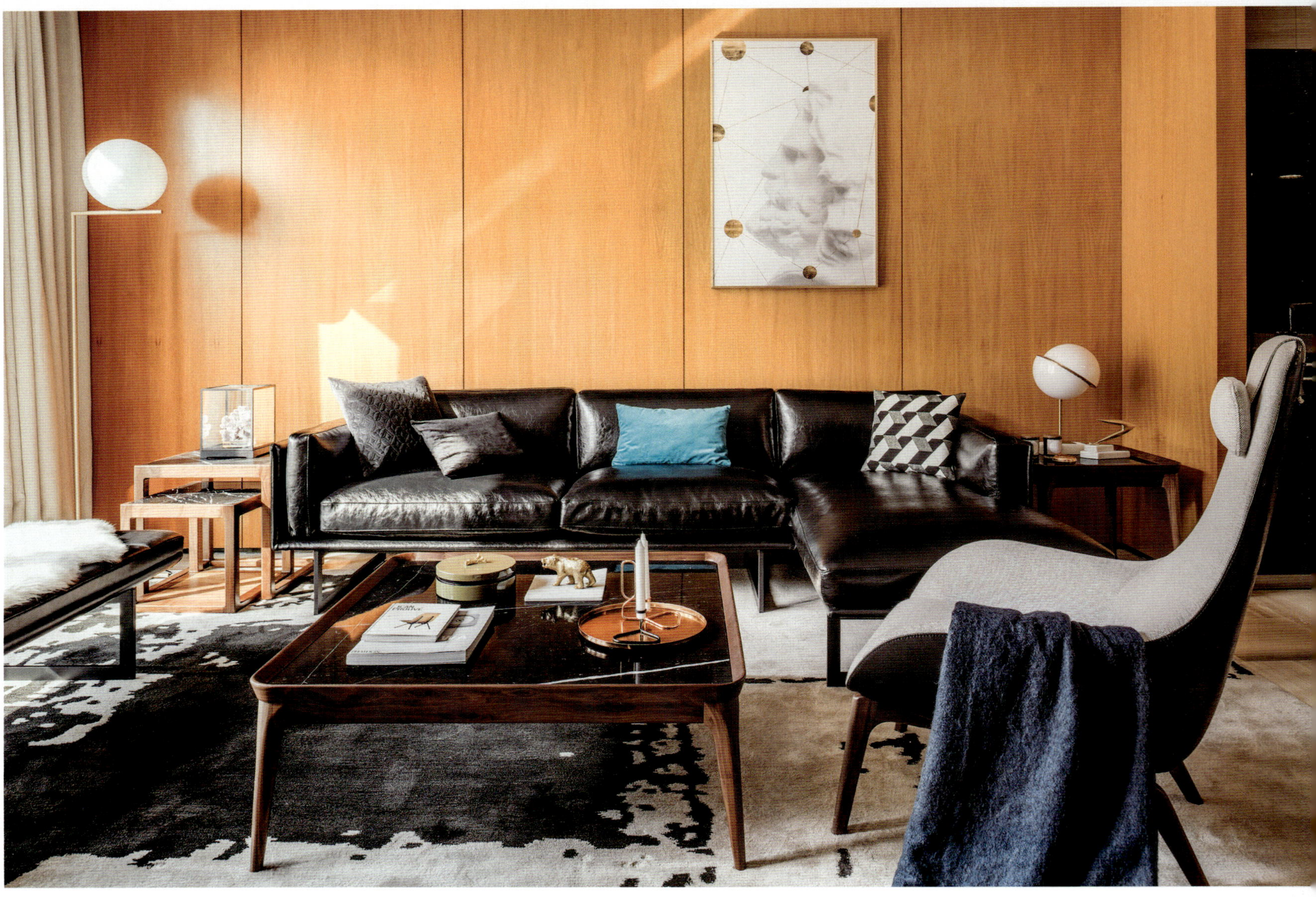

项目名称：西溪天堂悦居
Xixi Resort Residence
地址：浙江省杭州市西湖区
室内设计：赫希贝德纳联合有限公司
软装设计：周晓东 /M+ 木智美家
艺术总监：赵雷 /MZGF
项目面积：145 m²
摄影师：隋思聪

家具/搭配

客厅靠窗一侧，选用沙发床代替单人沙发，低矮的沙发床非常实用，且不会遮挡窗外风光。用餐区摆置了浪漫大气的小圆桌，搭配具有现代流线感的软包餐椅，让狭小空间得到充分利用。卧室则选用云栖四柱床和港湾床头柜两款环抱式家具，所配的床头柜同样选用了大尺寸，再搭配同色系床尾凳，尽管整体色调偏重，但因彼此造型不尽相同，反而使空间在秩序感中潜藏着层次感，突显空间质感。书房选用三面围合的书桌，搭配同样具有围合感的圈形木椅，在开放式的空间中，营造出一个静谧且舒适的办公氛围。

材料运用

本案例选用大量黑色、胡桃色家具压衬全局，并用皮革、金属、大理石等元素呼应硬装。卧室墙面与地面大量运用“黑菲度”大理石，为空间穿上一层质感外衣。樱桃木墙饰面为整体空间增添时尚气息。餐厅中大小错落有致的 Tom Dixon 碗碟系列，闪着金光，又具有黄铜的亚光质感，与一旁墙面的金色装饰挂画相互呼应，共同丰富了用餐区的材质与色彩。

色彩搭配

大面积的落地窗让朝阳的客厅与卧室采光十分充足，视野开阔，人们从室内能够直接看到屋外西溪的美景，为配合这一空间特点，设计师选用大面积的木色调搭配灰色，从色彩运用整体来讲淡雅、沉稳。浅灰色窗帘搭配洁净、轻盈的白纱帘及黑灰相间的地毯来突显空间主体。同时，又运用色调深沉的沙发、茶几来稳定空间，以削减大面积色彩带来的视觉冲击力，塑造出沉稳又不失温暖的氛围。

设计说明

本案以卧室为原点，采用双环动线设计以最短距离完成所有功能空间的连接。墙家庭式的居住布局结合酒店式的开阔空间，前卫现代的室内设计风格，对软装设计师来说更是难得。

业主为一对青年夫妇，喜好现代时尚的软装风格。进门的落地大窗旁本为闲置区域，为更合理地利用空间，设计师将该处规划为书房。餐厨区域较为狭小，采光较弱，所幸玄关通道尽头安置了一面落地镜，起到空间扩容的效果，同时又让暗淡角落明亮起来。

混搭永远是提升空间美学水准的一个不二法则，在原木风的硬装风格下，设计师将皮革、石材、实木、金属、布进行了一次大融合，配合光影与空间格局，最大限度地发挥出材质本身的质感与气质，达到耐看耐用、美感与宜居共存的状态。

主要建材：木皮、喷漆、玻璃、铁件、木地板、壁纸

设计公司：甘纳设计

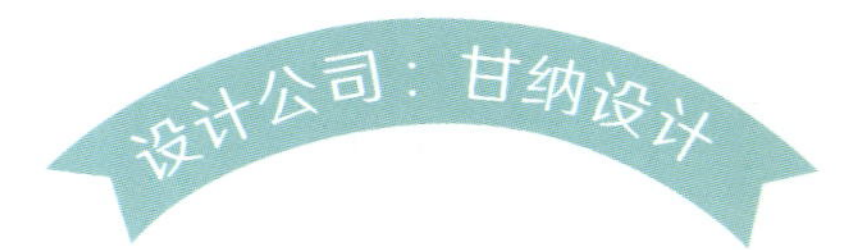

精致闲适的小资生活

餐厅的长桌与工作台合二为一，不规则的造型展现个性。长桌下稳定的三角形支架是原始的工业缩影，分层式结构融合了收纳功能，发挥了餐边柜的作用，搭配弧形靠背的黑色餐椅亦是经典设计。客厅的橄榄绿色沙发在沙发脚处融入木元素的设计，配合椅面的凹凸经典软包造型，丝滑的鹅绒面料非常时髦，适合有格调的主人。

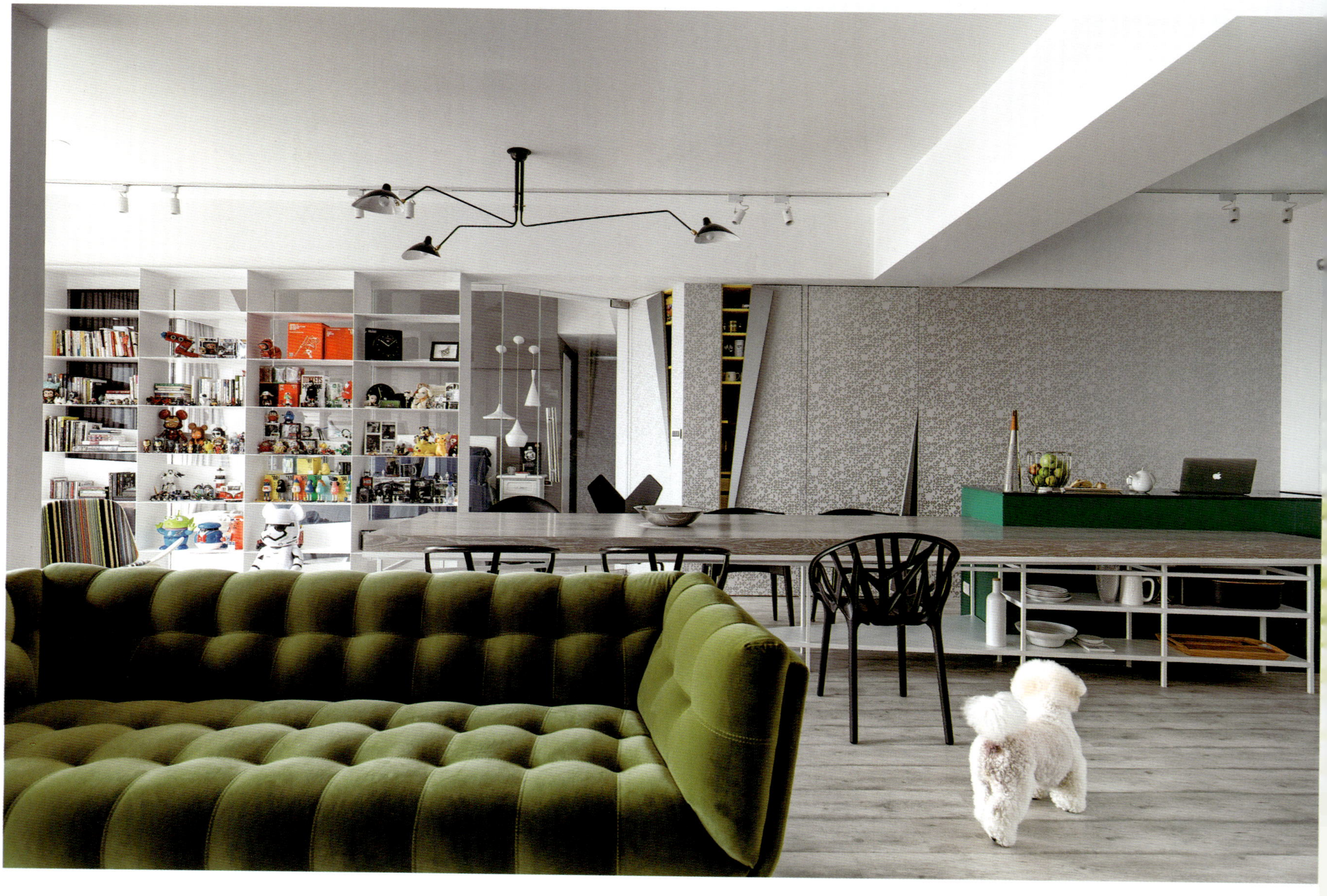

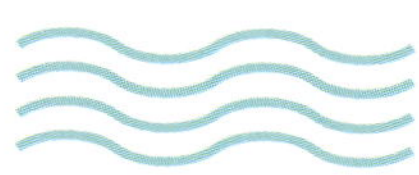

项目名称：半山汇
地址：中国台湾新北市
设计单位：Ganna Design
主要设计：林仕杰、 陈婷亮
项目面积：100m^2
摄影师：Kyle Yu

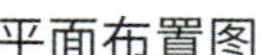

平面布置图

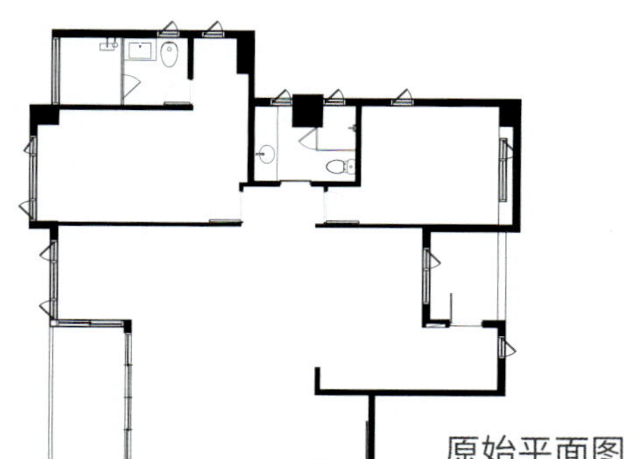

原始平面图

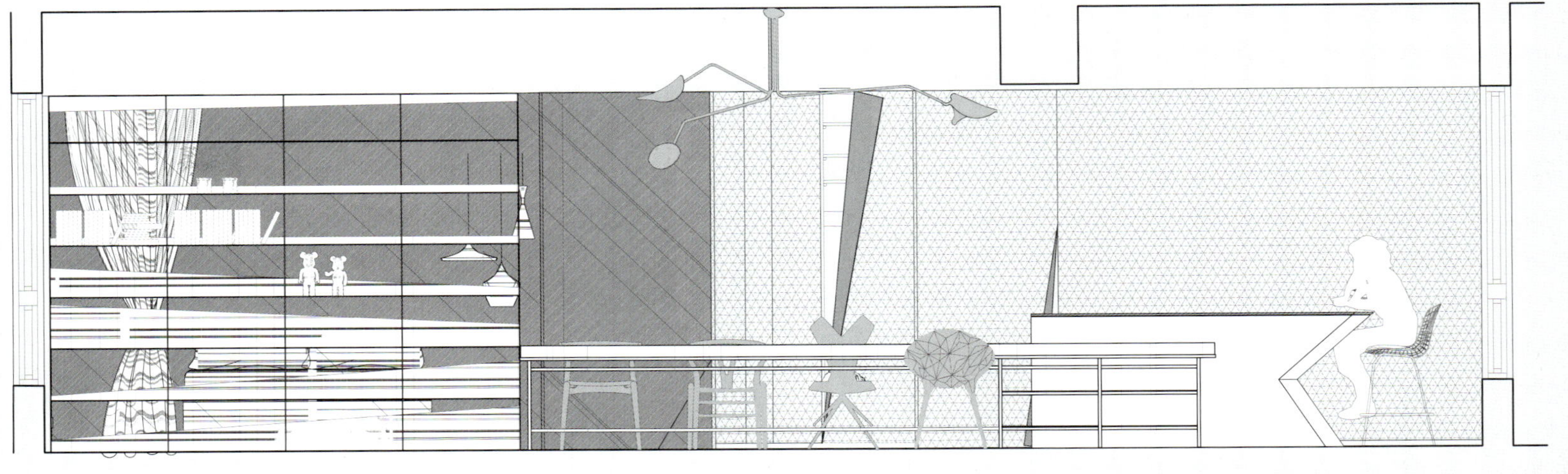

客厅立面图

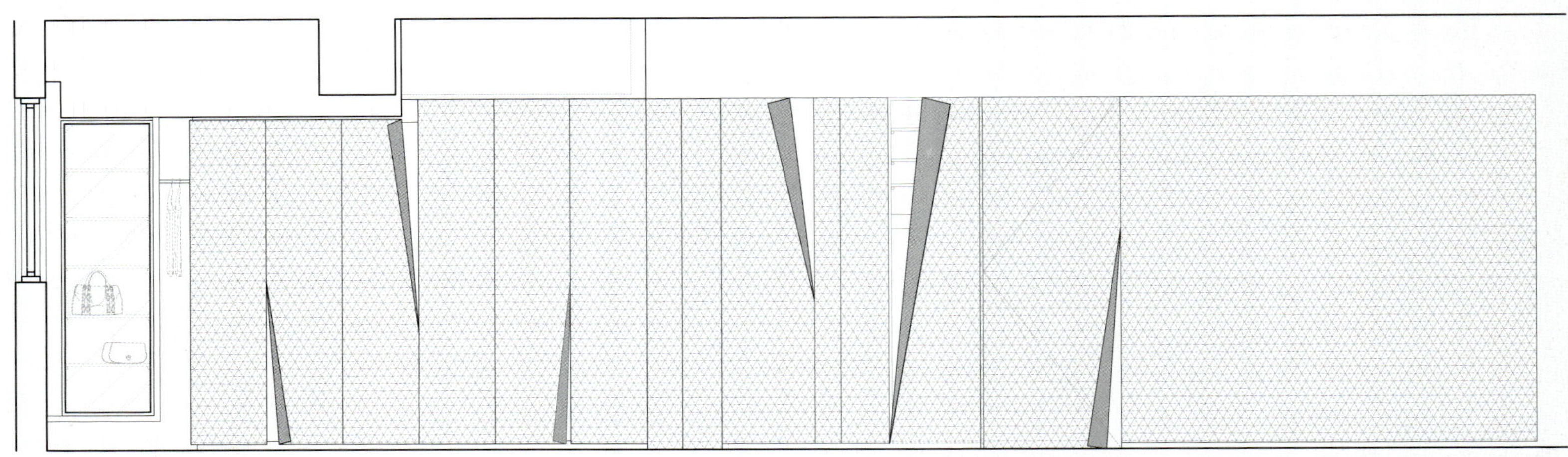

三角褶痕柜立面图

BRAUN
STAR WARS
STAR CARS

设计说明

圆在三角形里，缘也在这里。缘使三角形不迷路，也使屋主记得回家的路。屋主是两个女生，设计以两个好朋友为灵感，用三角形的意念营造设计感。

三角形的和谐、平衡，象征好友谊。在门面、柜体、顶棚都能看到三角形的踪迹。顶棚的三角设计，巧妙化解梁柱带来地压力，同时让视觉延伸至窗外，提醒屋主不要忘记与好友谈心。不管置身家中何处都能一览美景，因此设计选择灰白色为基调，为匠心独具的空间恣意添加色彩，温暖家中的每一隅。卧室门面的三角切口是小狗的专属小门，隐含屋主的爱。设计师特意增设小门并减少隔间设计，为的就是让小狗可在家穿梭自如。

柜体独特的三角褶痕兼具美观与实用，褶痕处可陈设屋主的作品，展现其美学涵养，平日屋主便会在长桌手做小物，将满满的爱融入手工艺品中。厅间的异材质长桌隐含设计师的祝福，异材质长桌让本不相遇的材质成为“朋友”，表达对屋主的友谊也能够长长久久的祝福。

家具搭配

简约、明亮的客厅，一张绿色沙发界定出范围，减少家具的过度使用，保留宽阔行走动线给生活在其中的屋主与小狗，让落地窗景成为一幅长时间与屋主相伴的画。收纳柜前三角贝壳椅和实木餐椅是丹麦大师汉斯·瓦格纳（Hans Wegner）的经典代表作之一，传统手工艺对于细节的专注和优秀的品质更为空间添优雅气质。

材料/运用

本案抛弃传统实墙设计，以大量玻璃作为隔间与门片，增加空间轻透感之余，还消除顶棚梁柱带来的压迫感，同时开启居家明亮模式，再搭配铁件、木皮、美耐板、壁纸与强化木地板形成拥有自我风格的舒适住宅。主卧玻璃隔间与收纳柜二合一，成为展示屋主收藏的大量公仔的位置，用铁件层板取代传统木作板材，感受更轻盈。

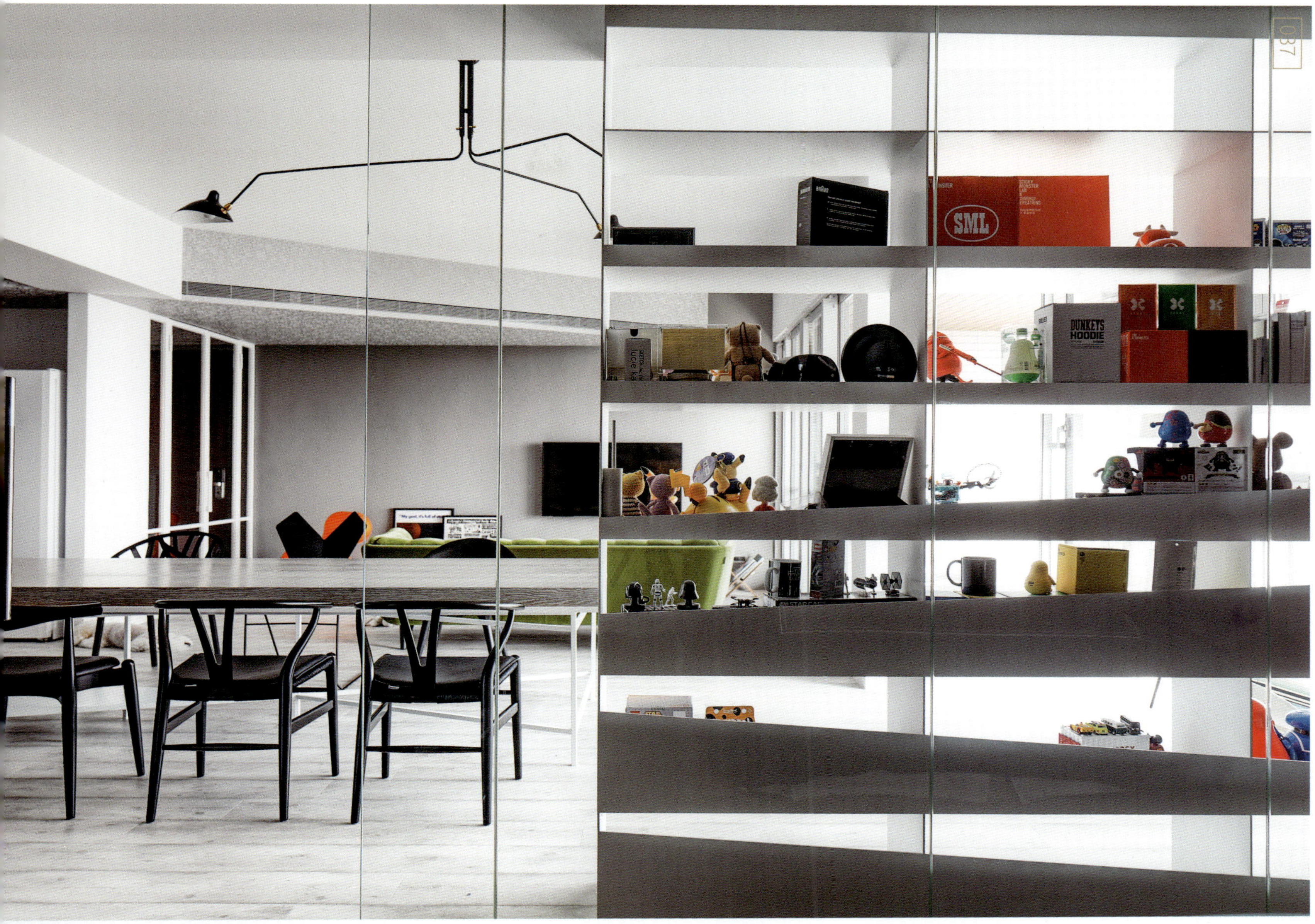

色彩/搭配

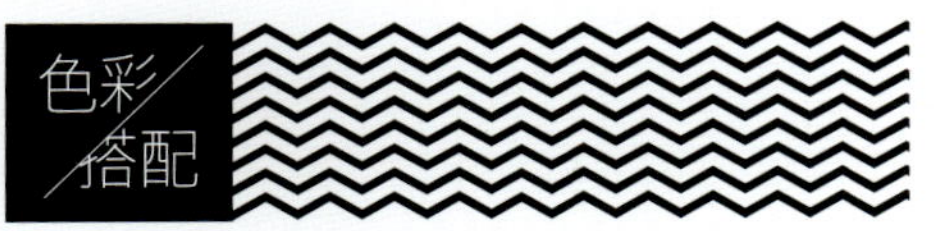

以屋主钟爱的白色调性为基底，强调白色海纳百川的弹性包容力，用灰白与黑色修饰整体轮廓，最后让鲜艳丰富的家具色彩点缀其中。露出一角的黄色收纳柜内部、绿色沙发、料理台及各种收藏，在空白的住宅盒子里，感受到各种不同的活跃家具的舞动，空间视觉拥有多种创意想象力。

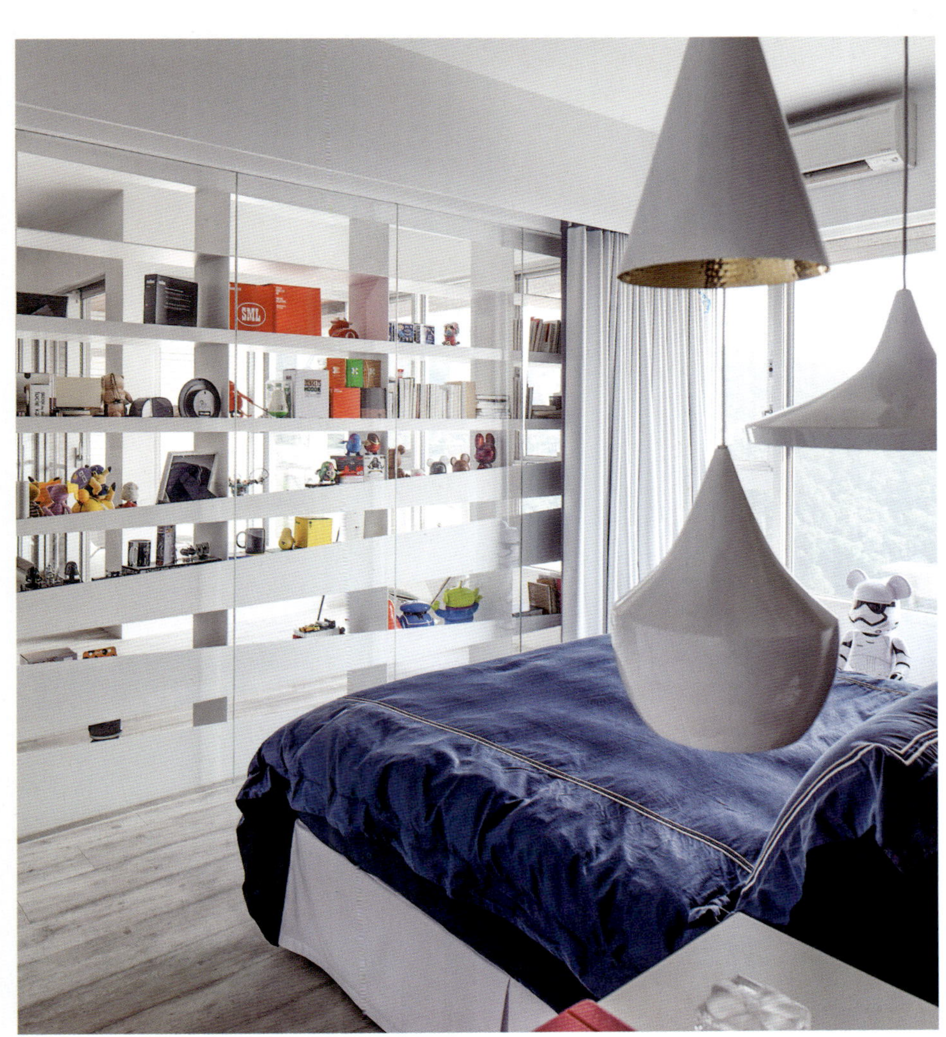

主要材料：品牌家具、乳胶漆、定制软装

主设计师：力楚

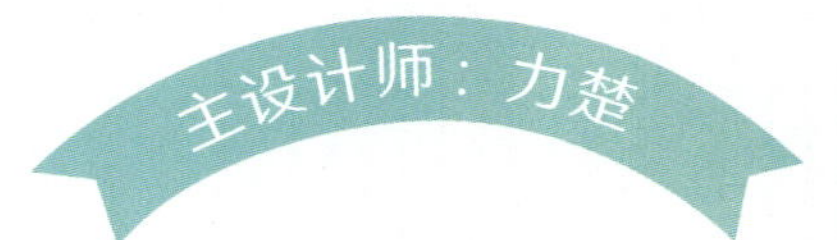

灰雅时尚的北欧空间

大理石面圆形茶几上摆放体量不一、高低起伏的一组金属花瓶，要其中插一些绿叶相衬，再搭配上小巧精致的金属几何造型饰品，碰撞出极简时尚的装饰效果。一旁的花架也是镀金的材质，配合利落的造型令轻奢质感跃然于上，制造出浓郁的摩登感觉。

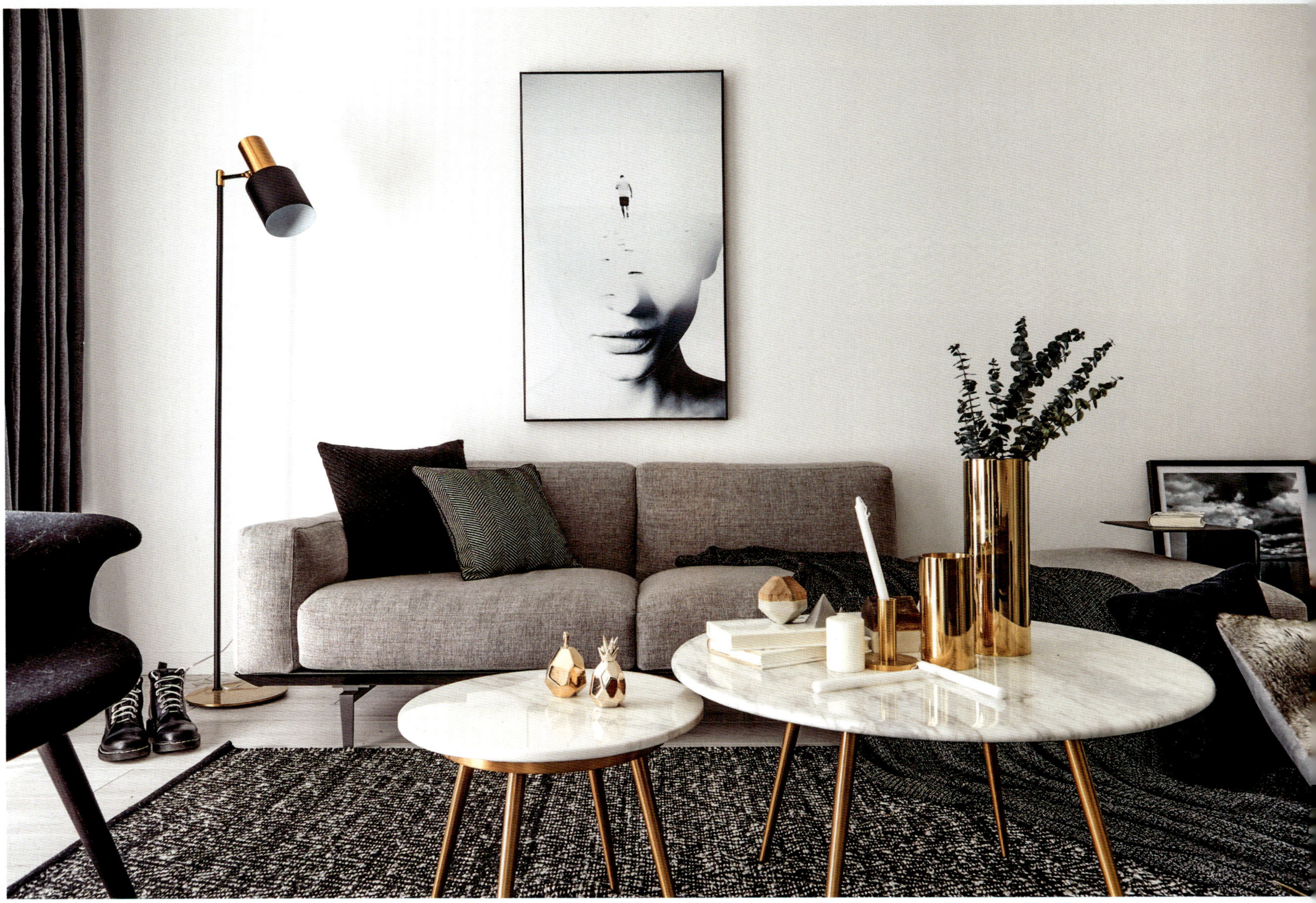

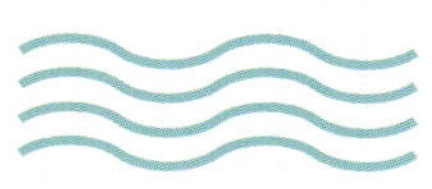

项目名称：璞悦湾
地址：浙江省杭州市
室内设计：力设计
项目面积：120 m²
摄影师：林峰

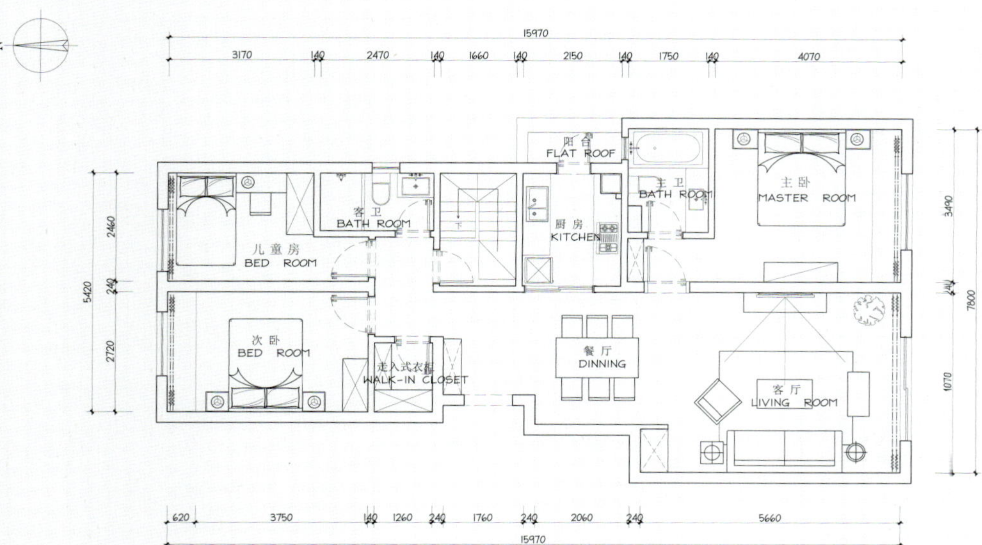

平面布置图

家具/搭配

客厅中简洁、舒适的长沙发奠定空间的功能地位，大理石茶几组合的金属小细腿设计，为略显沉闷的空间带来些许灵动感。高背单人沙发，时尚的外观造型，呼应餐厅的黑白人物装饰画，共同打造极具现代感的摩登空间。在古旧的木色电视柜一侧，放置木梯状黑色衣帽架，展现极具个性的空间品位。

Lady Warhol By Christopher Makos
SOME THINGS TAKE TIME

Lady Warhol
By Christopher Makos
Fotografiska 9.12 2010-20.3 2011
SOME THINGS TAKE TIME

Nygårds Karin Bengtsson
Untold Stories

色彩搭配

客厅中，设计师选择使用非常有质感的金色，跳出整体灰色调，给简洁、沉稳的客厅空间带来一份低调的奢华感。沙发背后灰蓝色调人物装饰画，透着隐隐的神秘感，表现出优雅的品位。主卧延续公共区域的灰白色调，暖木色床头柜带来淡淡的温馨感。儿童房墙壁及窗帘配饰则采用了柔美的粉蓝色，将黄色作为点缀，令空间沉静、舒适，又不乏童趣。

主要材料：乳胶漆、瓷砖、原木、混凝土

主设计师：郑军

自然中淳朴的宜居空间

木色空间以温暖的色彩和木质的纹理，让居于山林边的空间状态越发自然。米黄色的墙面与顶棚配合木贴面护墙板，地面的灰色地毯与同色系单人沙发呼应，一组中性色彩突显宁静、温馨的气息。儿童娱乐区则营造了活泼且轻松的氛围，深绿色的松树壁纸装饰令空间变得清爽、舒适。

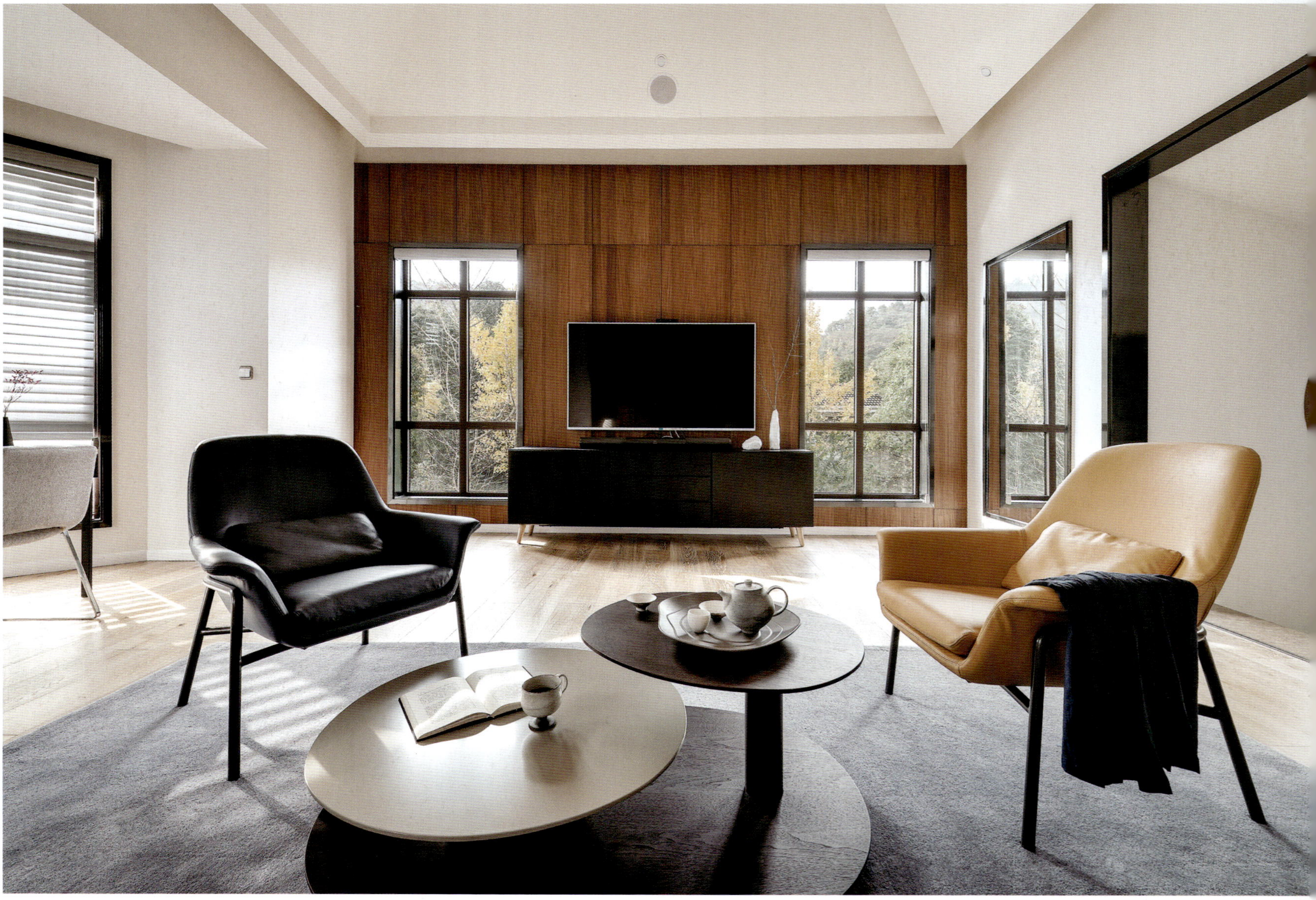

项目名称：高山流水独栋别墅
地址：四川省都江堰市青城山
设计公司：耕图国际
设计主创：郑军
设计团队：蒋贤勤、陈敏、高穗波、冯媛姣
项目面积：1080 ㎡

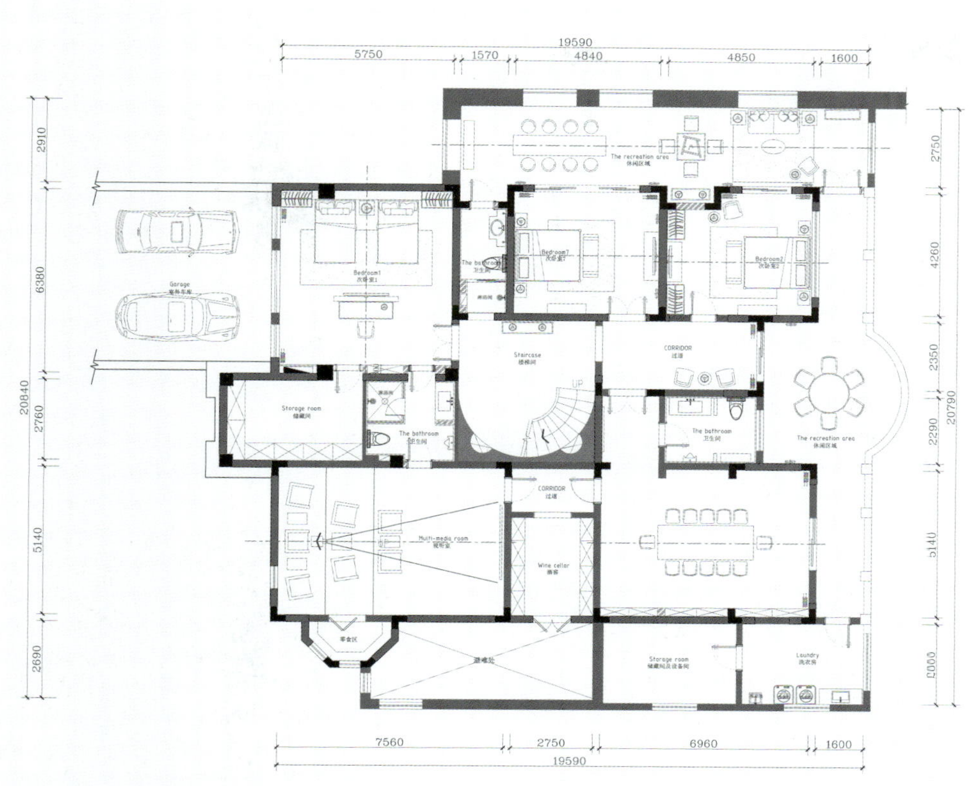

平面布置图

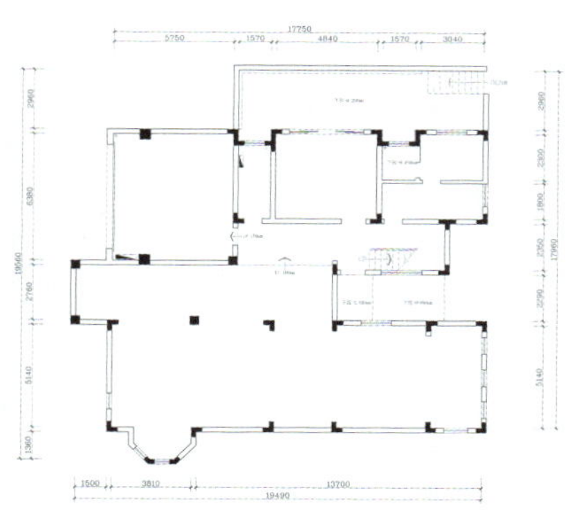

平面布置图

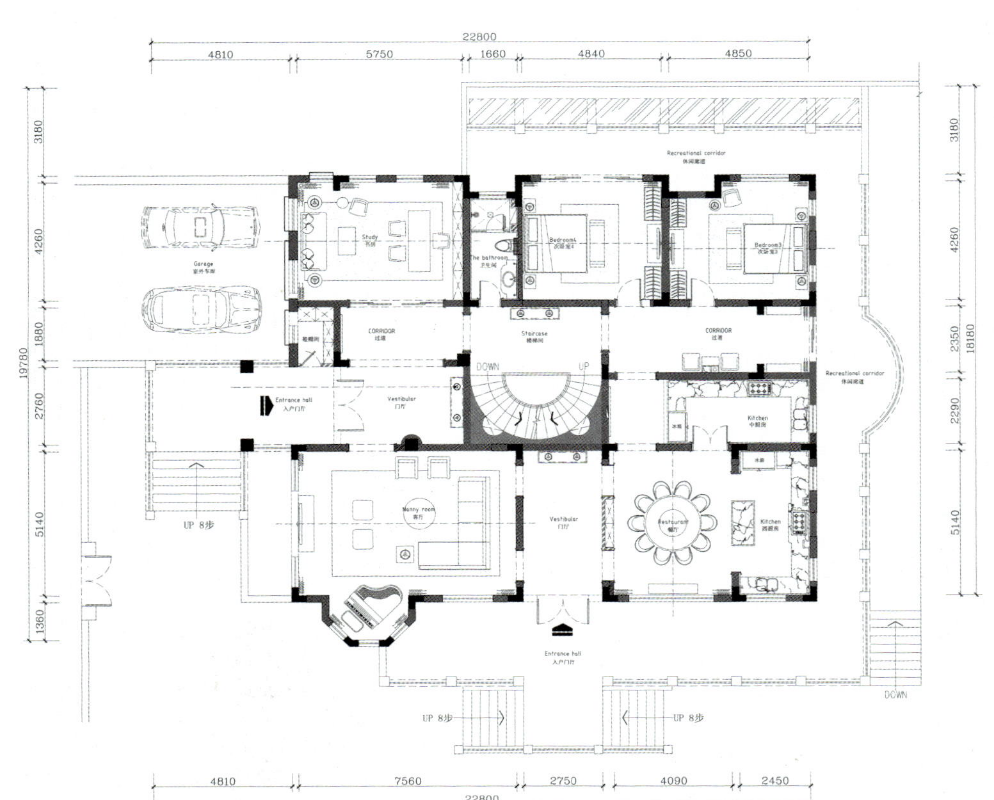

空间/规划

为了增强空间的容纳能力，提高室内各功能空间的使用效率，设计师在原有的建筑结构上做了大量改动，将使用面积增加到原来的两倍，不仅丰富了室内各区域空间的功能，在半采光的地下一层增加会议室、视听室及客房，而且打通了室内与室外的界限，回廊、庭院、半露天的茶室，均在这里一一呈现，且自然而然。

设计说明

山间一日，半盏闲茶。

看窗外，枝叶扶疏，细细碎碎的阳光倾斜着破窗而入，轻轻照在脚边。微风拂过，窗外一片窸窣，光影也愈加斑驳。十年尘梦，在此间逡巡穿梭，穿过光，穿过影，穿过微风，穿过器物茶香，穿过原石、陶土、亚麻，穿过亘古不变的质朴与本真。

我们的祖先早已心领神会于大自然的教导，自然教会我们如何生长、繁衍及进化，而今它又教导我们如何返璞归真，如何让生活回归到最初宁静致远的样子。

耕图国际设计总监郑军在都江堰青城山的别墅作品——高山流水，就是从这种质朴而细腻的世界观出发，将室外青城山的清新气息倾泻到室内，与山水呼应，与阳光比肩，在温暖的地砖上留下光阴划过的痕迹。

同时，这里也是设计师在喧嚣纷扰的尘世，为业主独僻的一方隽永之地，可聆风听雨，可观山望水，在疲惫之时，亦可静守岁月，诗意地栖居在这片生机盎然的土地之上。

干净的墙面，凝练的线条，精简的家具器物，每一个细节都充满了大自然的生命力与山水的灵韵，空间中的点、线、面在一种张弛有度的博弈里保持着微妙的平衡，让空间丰腴而富有张力。同时，因空间的大量留白，给身处其中的人，一份回归内心的平静与安宁。

在东方的建筑美学里，窗与门的设计都很讲究。设计师郑军汲取了东方的审美意境，在方形门窗的开合之余，亦设有圆孔之景。同时在各空间转换的节点上，又以墙为屏风、为障景，增加了空间的曲径通幽之感，让人在从容之间，感受到一种生活的禅与淡。

19690
1350
4260
1660
4840
4850
1600
1230
3050
1880
2760
5140
1360
1200
17800
4260
2350
2290
2130
2890
2800
Leisure balcony
休闲露台
Toilet
主卫生间
The bathroom
卫生间
Bedroom6
次卧室6
Bedroom5
次卧室5
CORRIDOR
过道
Staircase
楼梯间
DOWN
UP
WALK-IN-CLOSET
衣帽间
reading room
阅读室
MASTER BEDROOM
主卧室
儿童房
The chic activity area
小资活动区
7560
2750
4250
2450
1600
19590

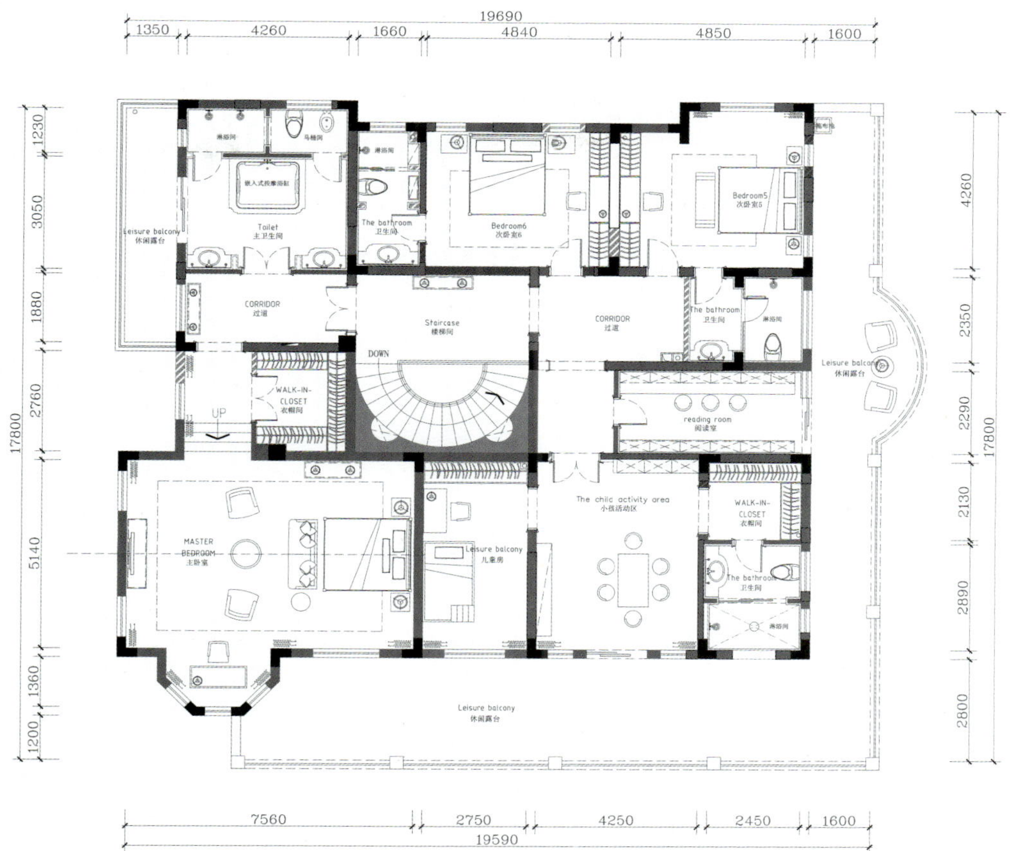

平面布置图

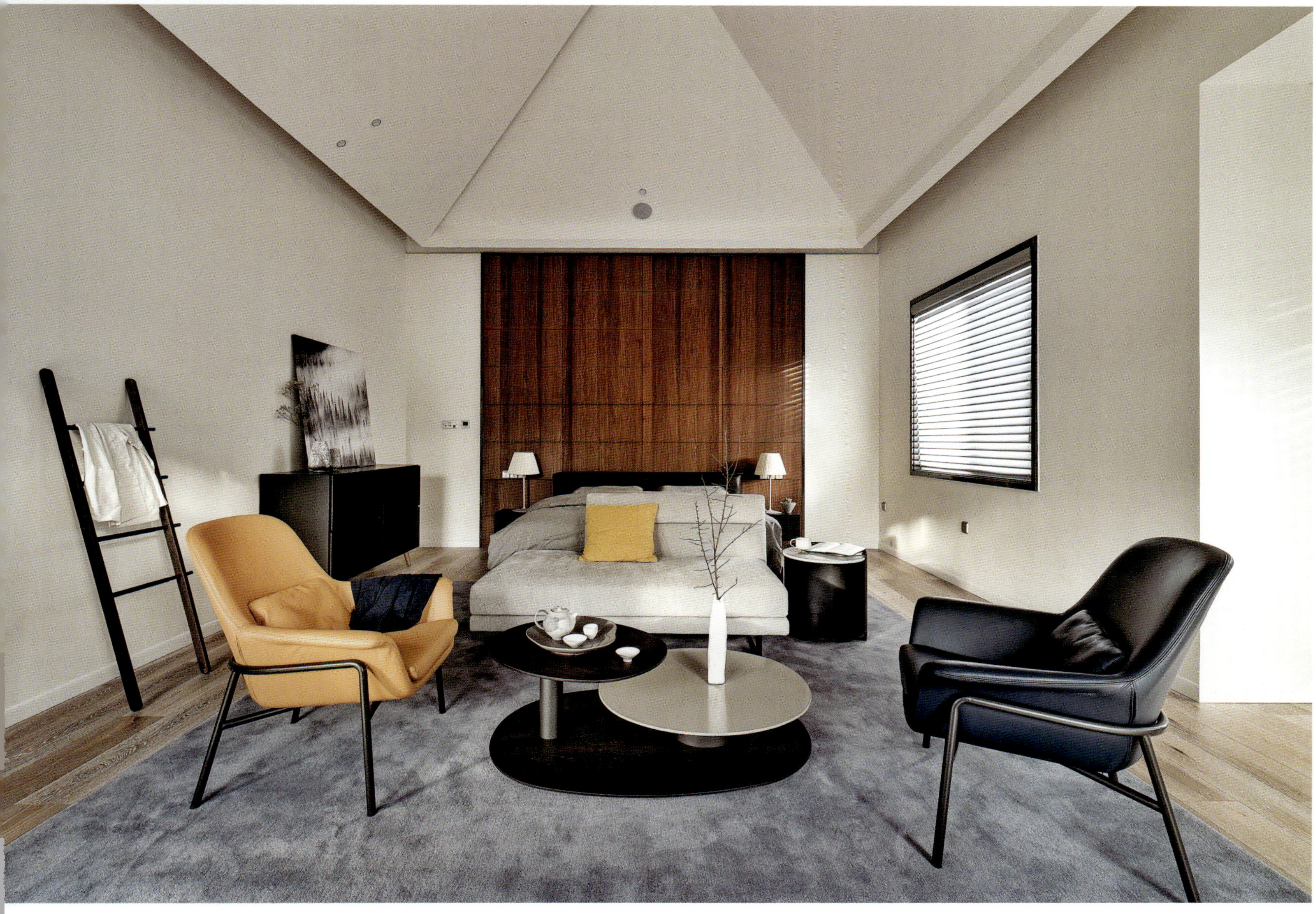

色彩搭配

儿童空间的设计上，设计师则巧妙地在空间中植入森林主题，绿色的童话森林壁纸意在让空间与孩子直接产生互动。各种色彩的童椅及玩具让空间中的孩子宛如置身于童话世界当中。主卧中大量的中性色保留了整个空间干净、无余冗的特质，一把姜黄色皮面椅成为空间的亮点，却也不过分耀眼。回归自然的从容之心贯穿着空间始终。

W Z L

主要材料：石材、壁纸、涂料、马赛克、木地板、布艺硬包

主设计师：谢辉

简约有温度的宜人空间

居室一隅是小小阅读角，同色系的单人布艺沙发与柔软盖毯令人在闲暇时分相当放松。卧室床品在面料上的选择则更为考究，亲近自然的纯棉质床品地最贴合北欧风格的气质，散发出那股淡淡的爱与温馨，也正是我们追求舒适生活的精髓。

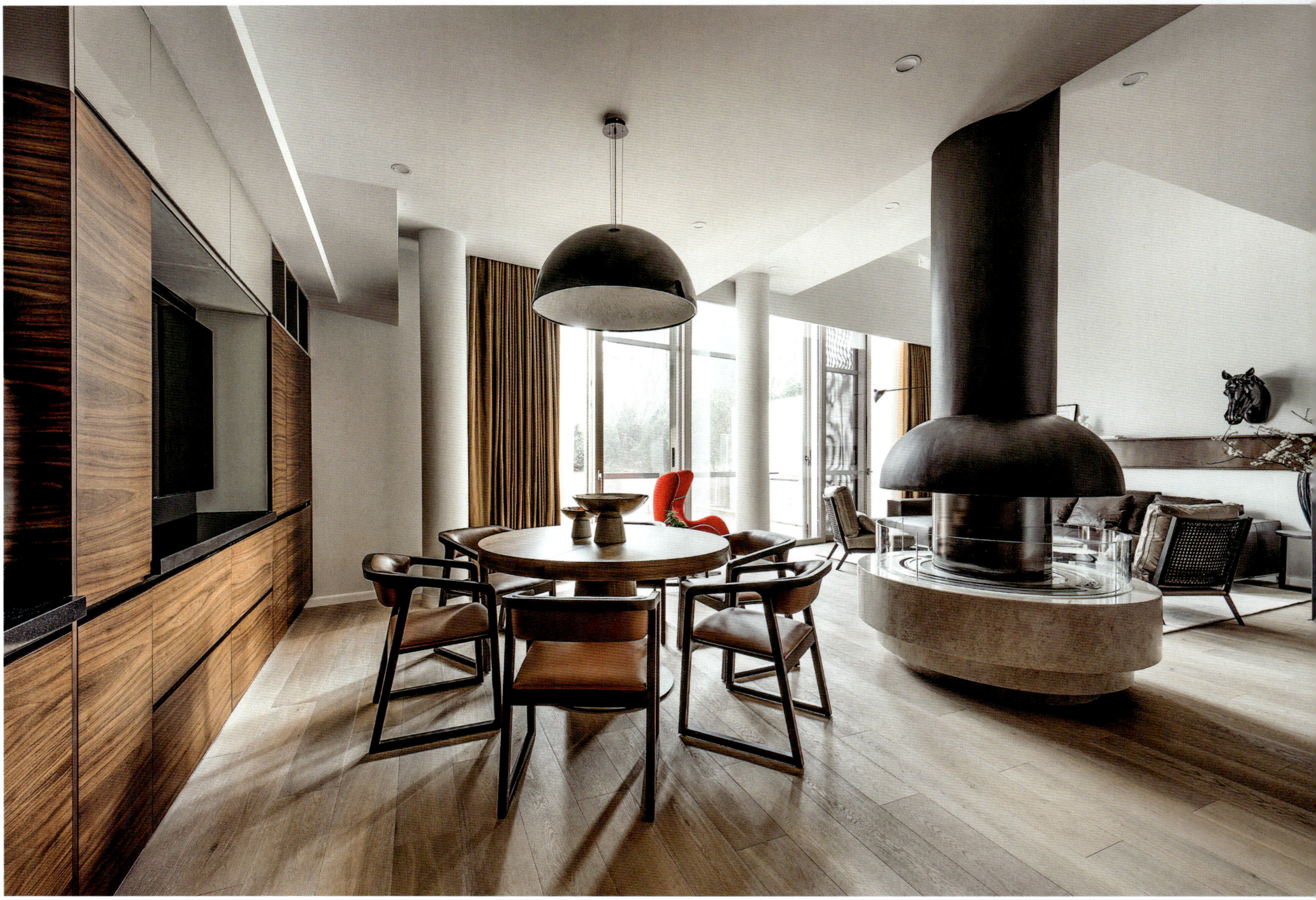

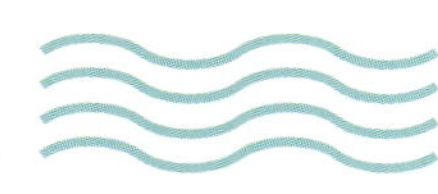

项目名称：天府新区稳稳的幸福
地址：四川省成都市天府新区麓湖 · 隐溪岸
设计公司：ACE 谢辉室内定制设计服务机构
主设计师：谢辉
设计师：左丽萍、杨帅、唐茜
项目面积：500 ㎡
摄影：李恒

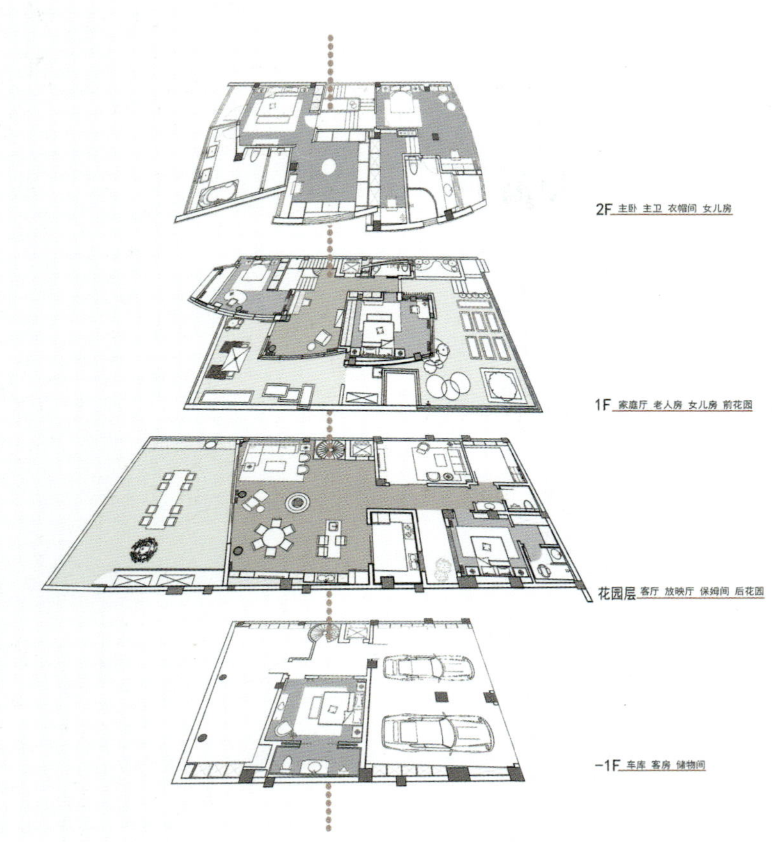

平面布置图

设计说明

“我们就是平常人家，家里不需要夸张和华丽．我现阶段本可以不买这样的房子，但我想给我的家人一个港湾．”

以上是本案业主和我们接触时说的一段话，我们从设计伊始就在思考，我们如何营造出符合需求的“港湾”，这样的“港湾”对业主和他的家人又有什么意义。

当深入到业主生活的细节和具体需求时，我们发现这并不会让我们觉得琐碎与麻烦，反而让我们充满热情．因为可以想象未来居住在这个家里的人生活的场景和细节，可以提前感受到这个家散发出来的爱和淡淡的艺术气息．其实美好的生活和幸福的港湾需要家庭中的每一个人和我们共同去创造．这就应该是生命中“稳稳的幸福”吧！

原建筑因为楼道空间浪费较大，使得每个房间面积较为狭小。家中有老人行动不便，需要加装一部电梯，在不占用空间的前提下，设计师在原有楼梯位置想办法采用旋转楼梯和电梯组合的配备，很好地解决了这个问题。楼梯的处理无疑是本案空间设计的难点，设计师用负一楼到二楼的旋转楼梯结合二楼到三楼的双跑楼梯，一个旋转精巧，配合楼道大面窗体，很好地串联起四层的室内空间，让空间生动有型，并结合细节的处理更让人玩味。考虑到老人的生活习惯及行走动线，两处花园离他们很近，孙女的房间与老人的休闲室视线通透延展，休闲厅为孩子和老人的相处提供了一处开放的场所。

色彩/搭配

在一个三代同堂的家庭里，营造好家庭成员相互交流和建立情感联系的场所空间是设计团队的主要设计方向，因而公共空间大量运用木色、灰色、白色来创造一个恬静、沉稳、放松的环境。小孩子更加喜爱各种明亮的色彩，天蓝色的顶棚仿佛让人抬头能看到蓝天，橙色的窗帘起到调动空间氛围的作用。

主设计师：李忠光

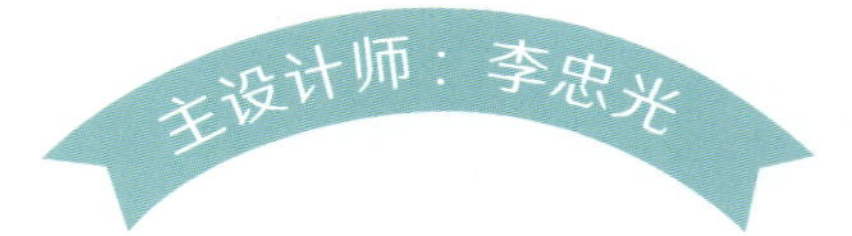

极简雅居 给心灵留白

主要材料：帕斯高灰大理石、仿木纹砖、环保免漆饰面板、进口涂料、钢化玻璃

现代的留白空间不以繁复装饰为品位，仅以点睛装饰为妙。大气端庄的大户别墅呈现出非凡气度，只取挂画作装饰，联排并列式装饰画挥洒行云流水的笔墨，在“顶天立地”的大面书架上摆上业主中意的书籍、装饰品、植物盆栽，无需大费周章便能生成最初始、纯净的状态，这才是现代人追求的极致简约生活。

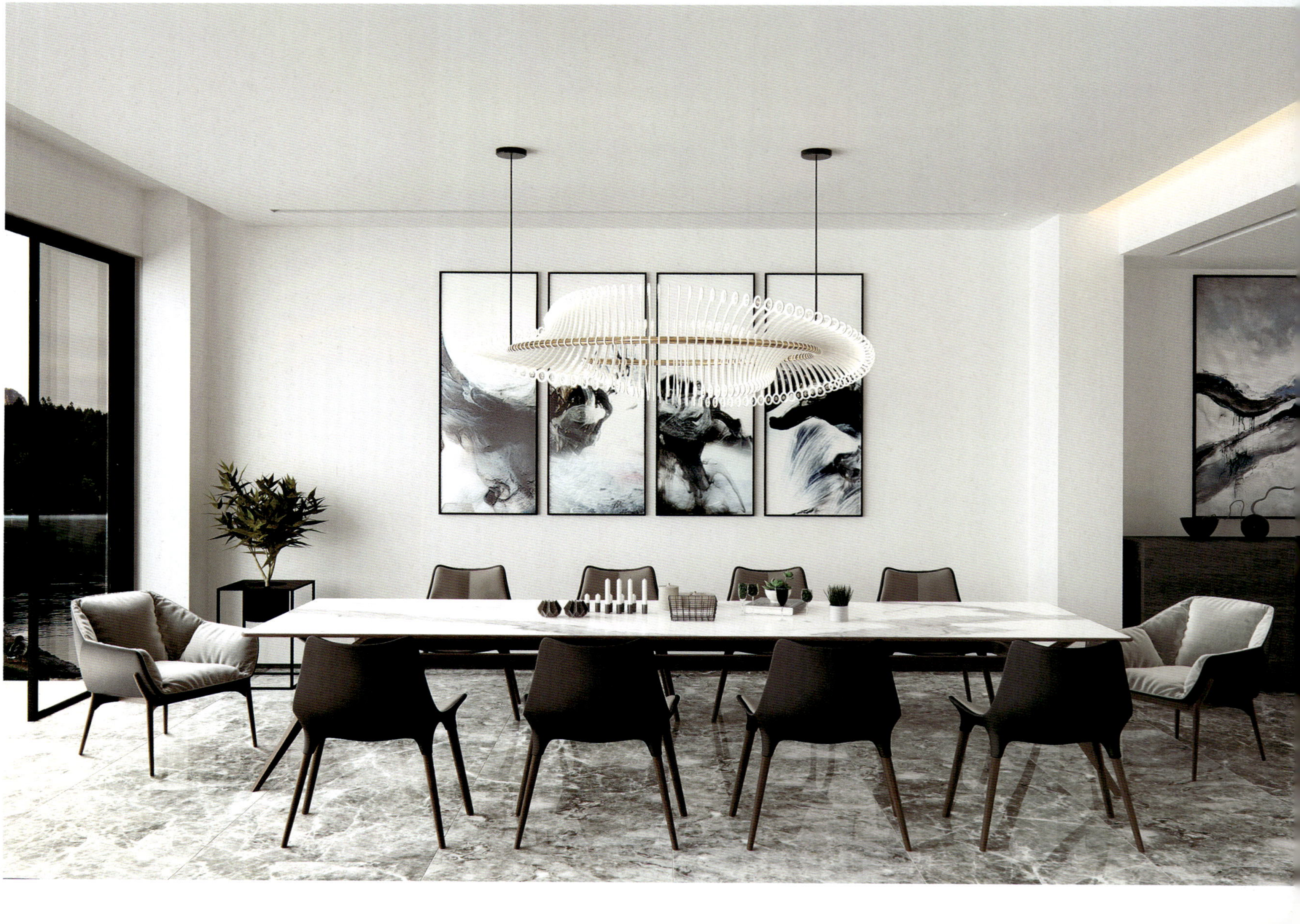

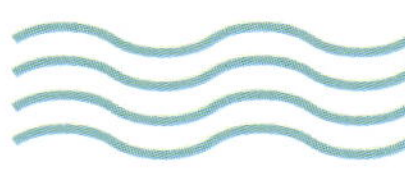

项目名称：小白有点黑
地址：广东省广州市天鹿湖畔
原创设计师：李忠光
建筑面积：（含花园）1500m²
室内空间面积：650m²
图片：黑作坊公瑾

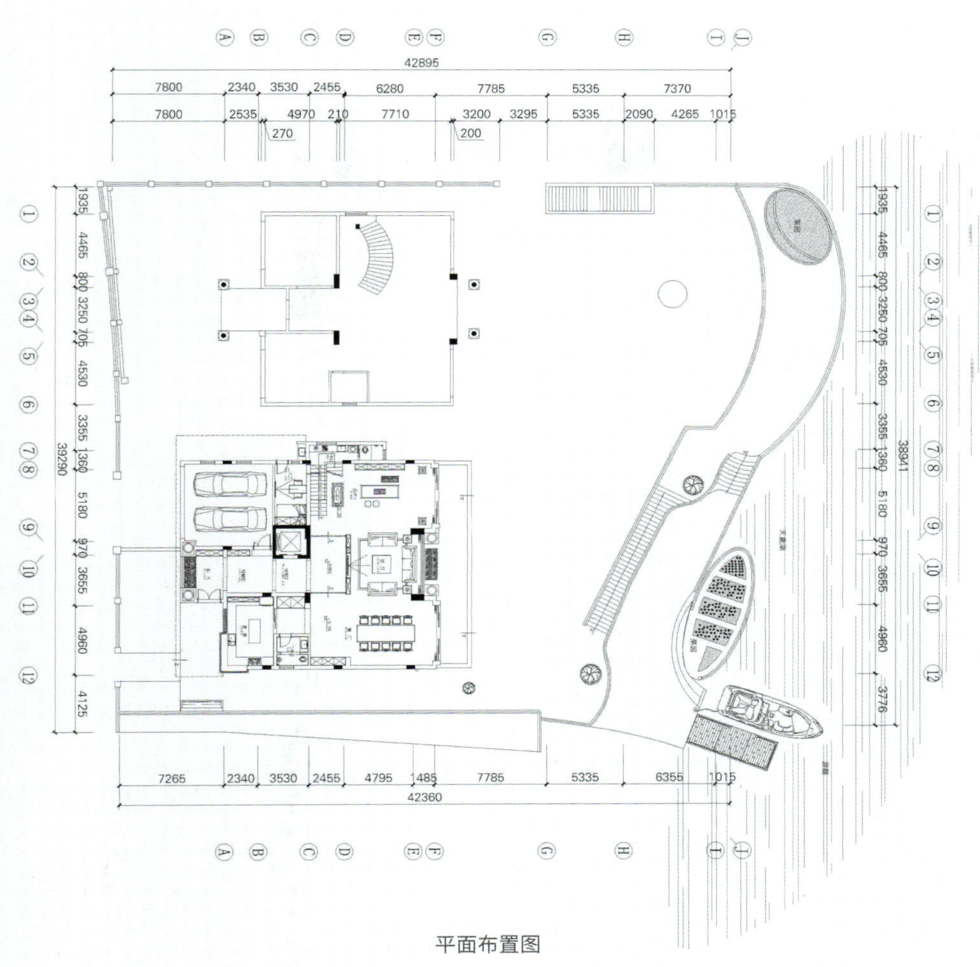

平面布置图

材料/运用

在材质上，考虑到业主不长期居住，为了维持室内空间的材质上不受周边环境的温度、湿度的影响，设计师做了大量对环境的调查和对材质的了解后，公共区域选择铺设大理石地板，展现大气高雅的空间格调。私域的仿木纹砖则为偶来闲住的主人创造温暖、舒适的休息环境。

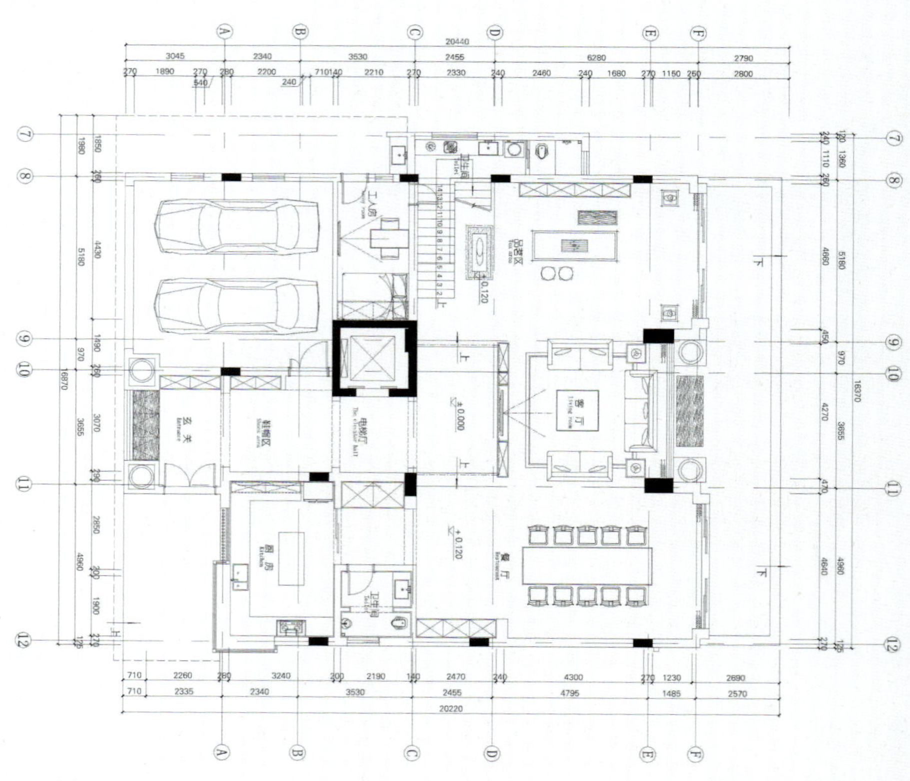

色彩/搭配

这里有着喧嚣的城市内难得的原始自然环境，因此在色彩上，设计师主要用黑、白、灰来构建空间跟环境之间的界线，采用以环境为主，以安静为主的创意理念，弱化彼此的分界线，使空间融入自然环境中，让身处其中的人感受到真正的宁静。用少量的绿色植物和红色书籍作为点缀，让整个空间不会显得死板，有了一些小的趣味性和生机。

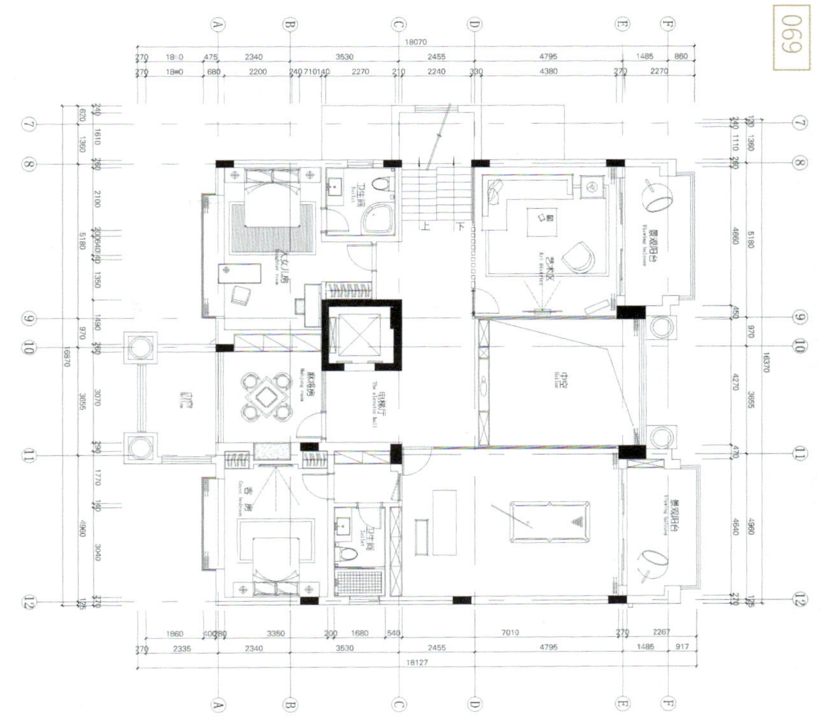

设计说明

本案例位于广东省广州市天鹿湖畔，位于此处的住宅别墅并不是特别多，建筑和人口密度也很稀疏，因此在这里的主角便自然而然地由人和建筑转变成风景，回归到人类生活最初的那种形态，那种以环境为主，依山而傍，依水而立的生活形态。这里的自然环境并未受到打扰，还会吸引到菜农在此处耕作，吸引到钓鱼爱好者在此处垂钓，站在湖边，看着平静的湖面，似乎可以忘记些许烦恼，得到些许放松。

业主是一名从业雕塑专业的艺术家，当他从雕塑专业的美院毕业以后就一直在这一领域发展，是一名具有深刻思想的艺术家。因为这栋别墅业主并不打算长期居住，只是作为一个放松休息的会所，一个轻松创作的灵感来处，因此对于室内空间功能来说，设计师认为没有必要将所有的空间填满，而是希望这是一个活的空间，一个具有灵性的空间，一个有生命力的空间，因此在空间布局上，设计师采用留白手法，将一些空间故意留白，让外面环境的声色来填满这块空白，让整个空间活起来。

艺术在一定程度上是相通的，一个空间就像业主的专业——雕塑一样，一件优秀的雕塑品是在于它的灵魂，像米开朗基罗的《大卫》，像亚历山德罗斯的《米洛的维纳斯》、像奥古斯特 · 罗丹的《思想者》等等，这些都是倾注着作者心血的艺术品，都是具有其灵魂的艺术品，历经千百年不变。室内空间规划也是一样，设计师希望这是一个有灵魂、有灵性的空间，通过空间规划、材质控制、色彩搭配来筑起一个能与自然交流的空间，一个融入环境的空间。

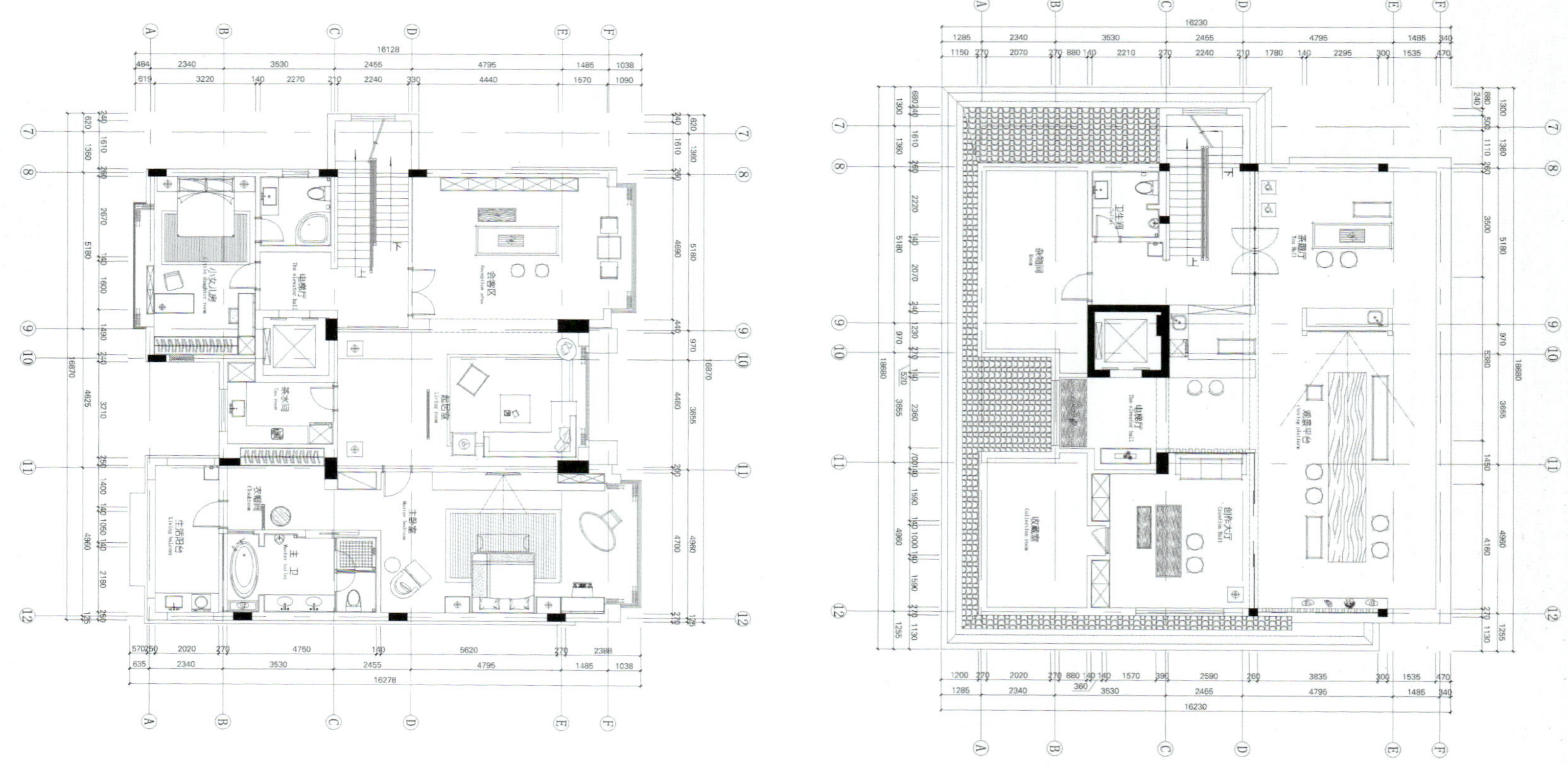

主要材料：美耐板、铁件、木皮、石材、红砖

主设计师：翁嘉鸿

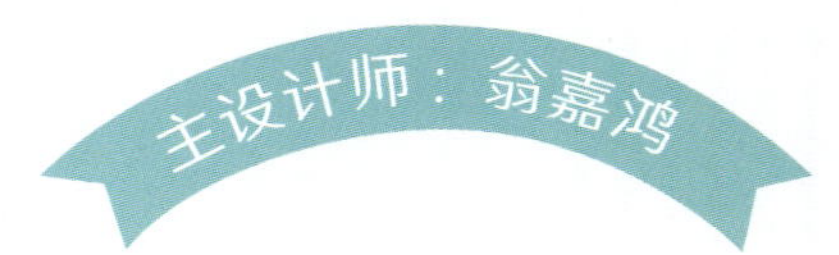

复古与现代的混搭潮流

宽敞的空间中以经典的长餐桌搭配镂空不对称式设计的长凳，在安静与动感之间达到了平衡，形成居室的视觉中心。阅读区摆放造型独特的人面椅，利用人体的自然曲线将抽象与具象完美结合，留下歌剧魅影般的多重想象，大胆的造型也为居室增添更多的视觉美感。

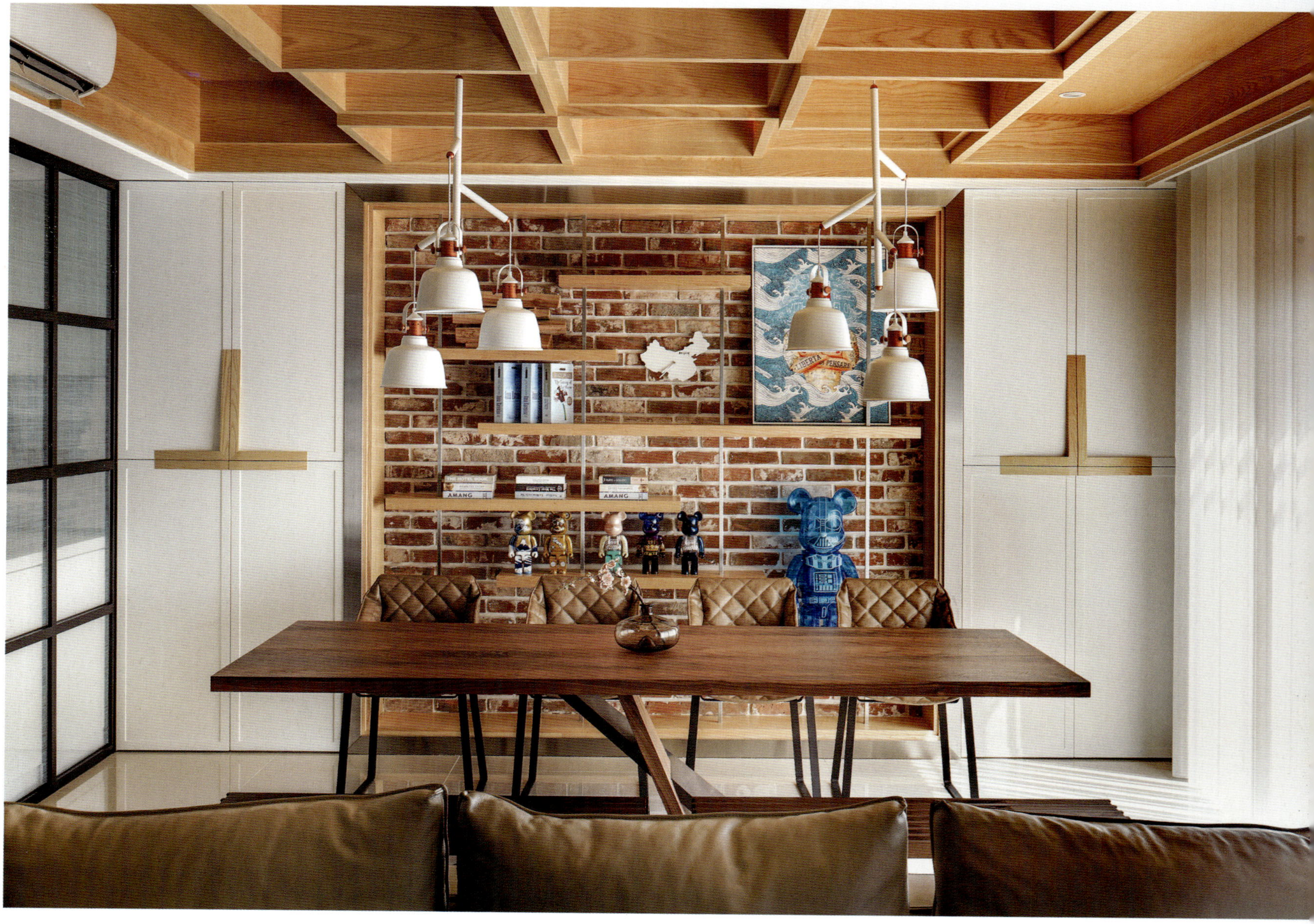

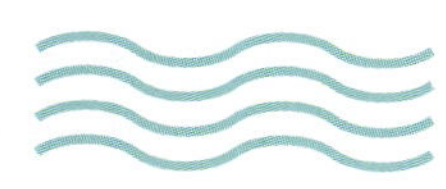

项目名称：八德周宅
地址：中国台湾桃园市八德区仁德路
设计公司：怀生国际设计有限公司
主要设计师：翁嘉鸿
项目面积：330 m²
摄影师：游宏祥

客厅仿石材板电视背景墙，铁件不对称分割灰色立面，不锈钢平台成 L 形设计造型一路延伸至梯厅壁面，佐以造型灯具反衬，时尚简约。大面落地窗外光照进深邃的木格阵列顶棚，与如雾面化处理的魔方量体的玻璃与铁件构组的拉门，虚实交织，堆栈层次，朦胧质感与清晰轮廓，有趣对比界定领域与空间功能性，休闲优雅也可以别出心裁。

玩味大空间

整栋别墅室内的装修设计，怎么编排各层空间情境与面对需求，大大地考验着设计师的从业经验与设计智慧。率性活泼的业主一家走在潮流尖端，在设计师运用温馨居家与超现实、前卫的混搭后，居家风格设定更是独树一帜。

“外我”的热情与闲适

二层是可及性最高、离外在环境与人群最近的公共场域，开放式客餐厅，线条利落、明快，仿石材板电视背景墙，铁件不对称分割灰色立面，不锈钢平台成 L 形设计造型一路延伸至梯厅壁面，佐以造型灯具反衬，时尚简约。餐厅主墙是用色力道最重的端景，红色文化砖温暖而粗犷，上崁错落的开放式线型层架与铁件，搭配两侧收纳柜的倒 T 形木作把手，和屋主收藏的画作、系列公仔成为温馨与潮流迥异风格的混搭元素。大面落地窗外光照进深邃的木格数组顶棚，与雾面化处理的魔方量体的玻璃与铁件构组的拉门，虚实交织，堆叠层次，朦胧质感与清晰轮廓，有趣对比界定领域与空间功能性，休闲优雅也可以别出心裁。

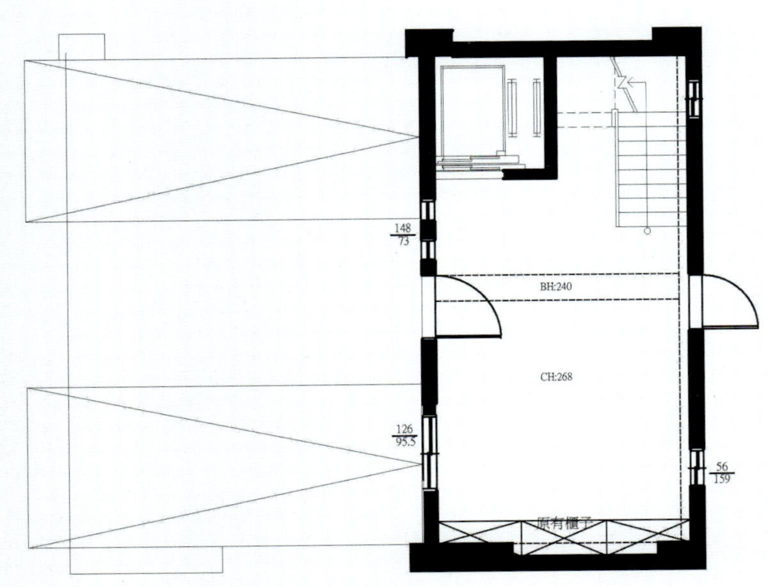

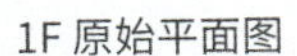
1F 原始平面图

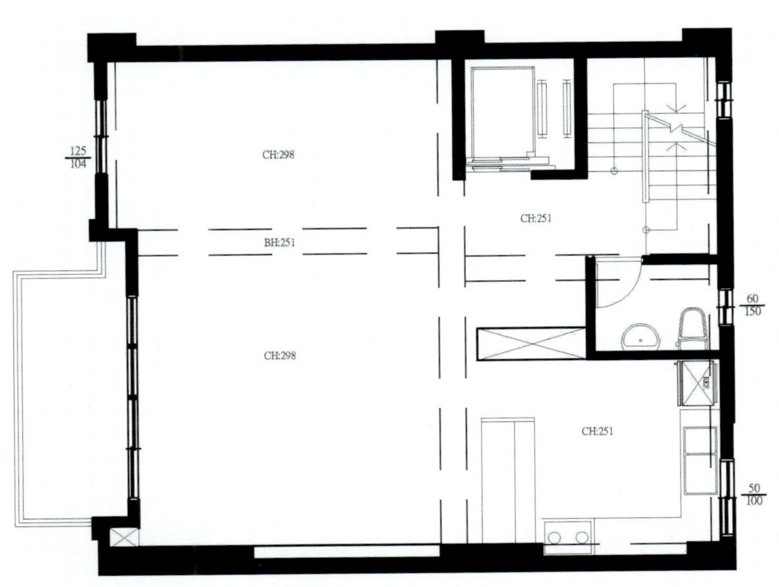

2F 原始平面图

软装配饰

现实生活锻炼出壮汉的刚毅，但屋主内心仍保持着一颗炽热的童心，潮人标配Be@rbrick暴力公仔，借鉴乐高积木的四方造型原理，让成熟而心态年轻的屋主爱不释手，成套收集的成就与满足抚慰屋主疲惫的身心，寄托天真的顽皮童趣，同时也是点亮空间的一抹色彩。

空间/规划

L 形平面分卧床、起居室、更衣室三区块，单元彼此独立又紧密连贯，在不妨碍屋高的前提下，顶棚一层层的一字形线条波浪意象设计，贯穿空间，转个向度延伸至电视墙。可 360 度旋转的平行四边形电视墙，区隔卧眠区与起居、更衣室，体贴夫妻个体间的节奏差异。少见的开放式更衣室设计展示收纳着充满艺术感的潮牌服饰与配件，也是夫妻间关心彼此注视对方仪容的私密空间。

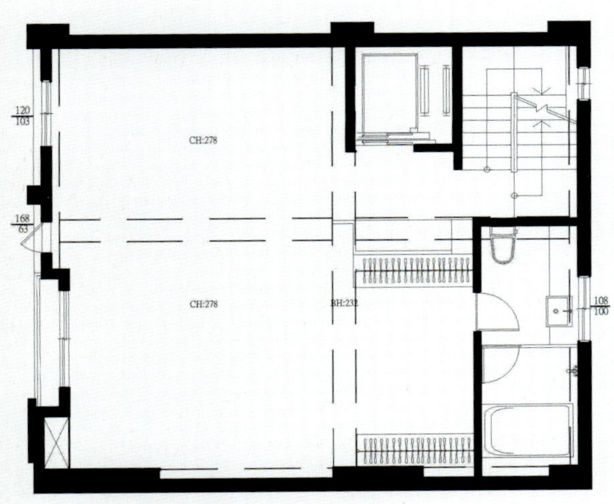

3F 原始平面图

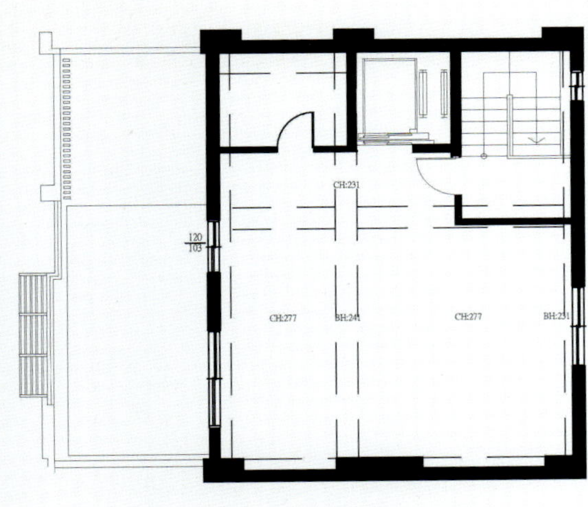

5F 原始平面图

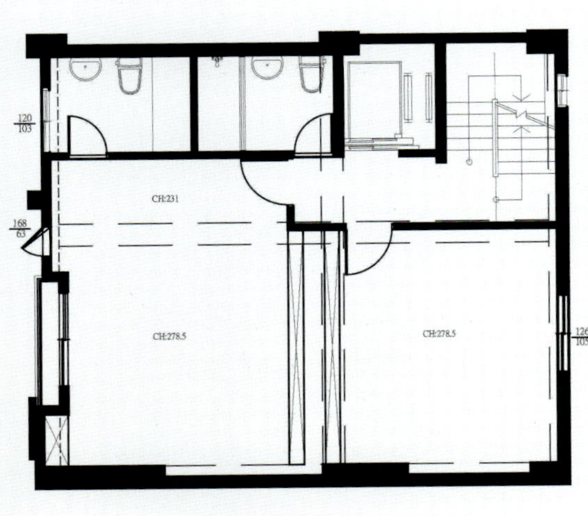

4F 原始平面图

身边贴心的亲密

进一步地阅读屋主的生活空间故事，了解屋主对亲密家人的珍爱态度。纵向拉帘，视感较硬，个性鲜明而且直率，但手感反而柔软、多情，展现出主卧帅气实用、霸气温柔的一面。

孩子气的浪漫

精选建筑师法比奥·诺文布雷（Fabio Novembre）所打造的歌剧魅影复刻面具塑料椅，运用人体曲线表达背后的抽象意义，代表卸下伪装的屋主，回归原始，留下一片小天地给屋主去品味人生，也在前卫、超现实的空间对象组构中逐步搭建超现实酷宅。

主要材料：栓木钢刷木皮、枫木木皮、强化复合地板、西班牙六角砖、富洛克黑板漆、铁件

设计公司：杰玛设计

清新之境

利落的北欧线条上，加入丰富的灯光设计，善用暗装灯槽的方式，利用暖黄色的LED灯带细致勾勒，加深了居室空间的轮廓。低调、柔和的光线提供舒适的体验。厨房与餐厅上方的吊灯增加了空间层次感，舒缓的绿色与空间自然而然地融为一体，并不会形成突兀的存在。

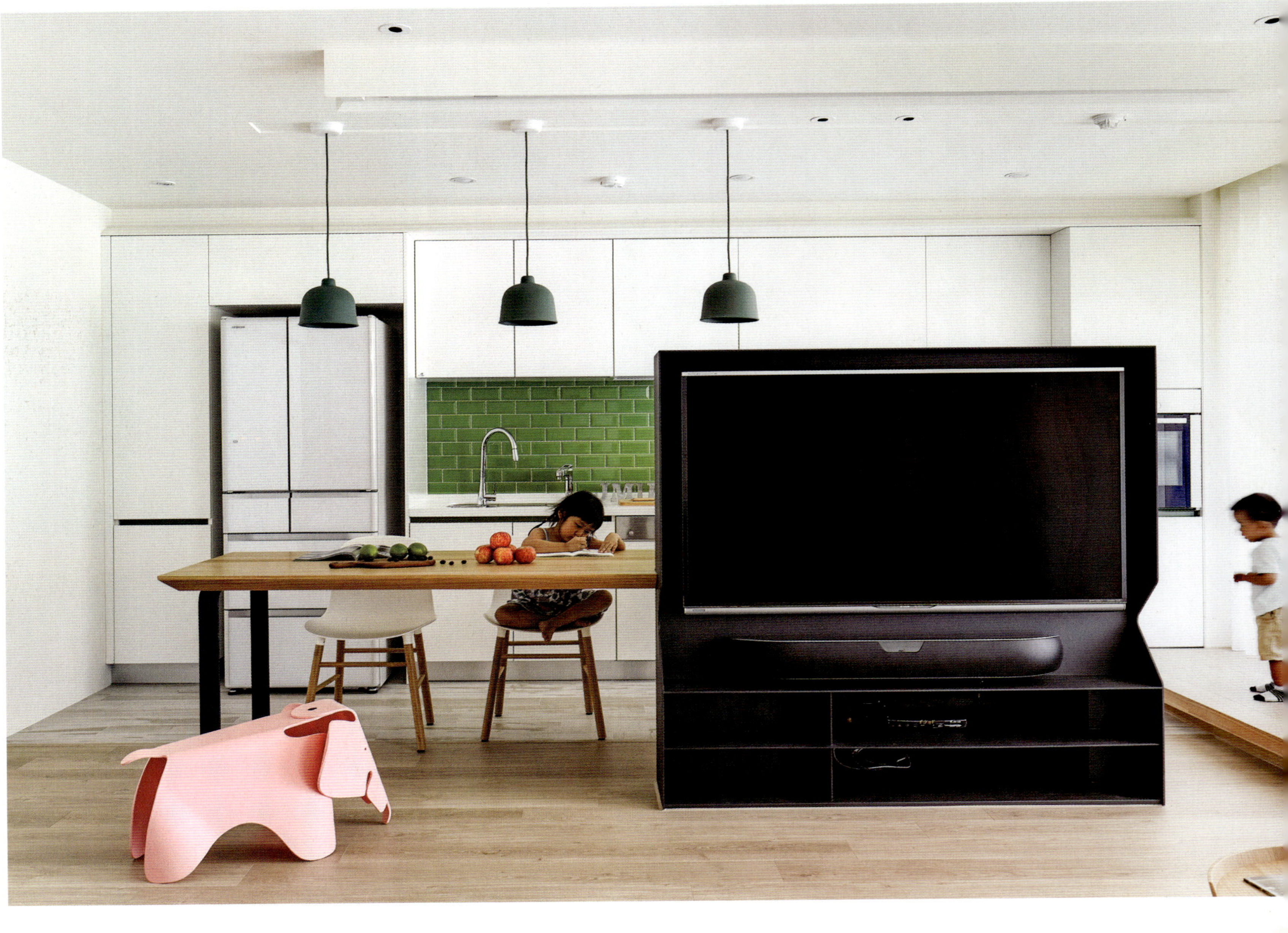

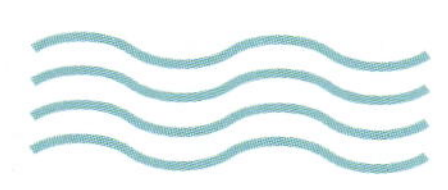

项目名称：一见清新
地址：中国台湾台北市
设计公司：杰玛设计
主设计师：游杰腾、黄婷瑜
项目面积：121 ㎡
摄影师：岑修贤 Sam

原本的空间规划将公共区域的采光面分割成三个空间，阻断了完整光线的引入，因此设计团队在公共空间创造一个完整的面。串联主卧与公共空间的架高平台，同时也向外延伸至阳台，利用高度延续内外，拓展阳台腹地，也放大室内空间，同时将传统方窗户改为落地窗，引入最多的自然光源。拿掉原来的书房，改为全然开放的宽敞空间，并且把厨房设定在最好的位置，与客厅共享自然光。

空间/规划

开放的公共空间，是全家人最常相处的地方，沙发与中岛均采“回”字形动线，留有许多留白空间供孩子玩耍、活动，而面对面的配置增加家人的亲密感。原来的厨房是串联后阳台的过道，使用过程容易产生不便，因此设计团队恢复原来的通道机能，将厨房机能从狭窄空间挪出，让通道整合使用率较低的储藏室，创造合理且安全的使用动线。

色彩/搭配

室内的整体色系鲜嫩、活泼，恬静、有温度，以白色搭配木质为基底，维持基本色调，保有变动室内氛围的弹性，也呼应女主人喜欢新鲜有趣、不爱一成不变的特质。厨房文化墙和餐厅区域选用绿色，带来大地般的清新感。粉色的儿童家具点缀室内空间的彩度，砖色彩黑、灰、白变色顺序象征从喧嚣外界返家的心灵状态，也借由黑、白两色延续大门与玄关立面的色彩。客用卫浴跳脱整体空间的基本用色，使用粉红色的地砖搭配圆形马赛克砖带入趣味，同时用金色灯具做点缀，可爱又提升成熟质感。

设计说明

从屋主亲切温暖的个性切入，依循全家人的相处模式定位室内设计基调，揽入日光，留白开阔，创造明亮清新的乐活家居。

改变主卧房门位置的另一优点是将原先房门的回旋空间与主卧卫浴整合，放大盥洗空间，也让主卧空间更为方正完整。房子后段维持两房与餐厅配置，“家人的趣味互动”是本案的设计核心，顺应男、女主人的梦想，将开放式厨房作为家的核心，以中岛吧台结合电视矮墙，让厨房与客厅面对面，只要在此区域都能一眼见到彼此，使全家人有更多互动；同时采“回”字形动线规划，动线更为流畅，绕圈圈的动线对小孩而言亦是种乐趣。

设计者的情感

居住空间与居住者的个性往往正向呼应，不论是“将人的特质注入空间”或是“空间反映人的性格”，越能够体现自我特质的空间越能让人自在，而设计者的角色在于挖掘居住者的特质，借由设计烘托居住者的个性及呈现生活的轮廓，黄婷瑜设计师灵感来自业主一家人的相处氛围，一家四口感情非常好，加上女主人的特质鲜明，亲切活泼又对任何事物充满热情，设计师延续人所散发的能量，将能量转化成为具体有形的设计，打造新鲜、有趣的空间氛围：“因为这才像是他们的家。”

主要材料：方形扁钢管、复古强化复合木地板、20mm强化胶合玻璃、抛光石英砖、雪白柔纱帘、雾面冷烤漆

设计公司：大晴设计

都市中的绿色心情

不大的家里被打造得生机勃勃，除了颜色上的搭配，自然也少不了周边配饰的组合，客厅的绿色地毯用超细纤维面料制造出草地般的逼真感受，还有树桩造型的大靠枕，营造出满满的树林意象。除此以外，柜上、桌上摆放着大大小小的植物盆栽、观赏南瓜等等，一片苍翠的绿意不禁令人陶醉，有种身处丛林之中的错觉。

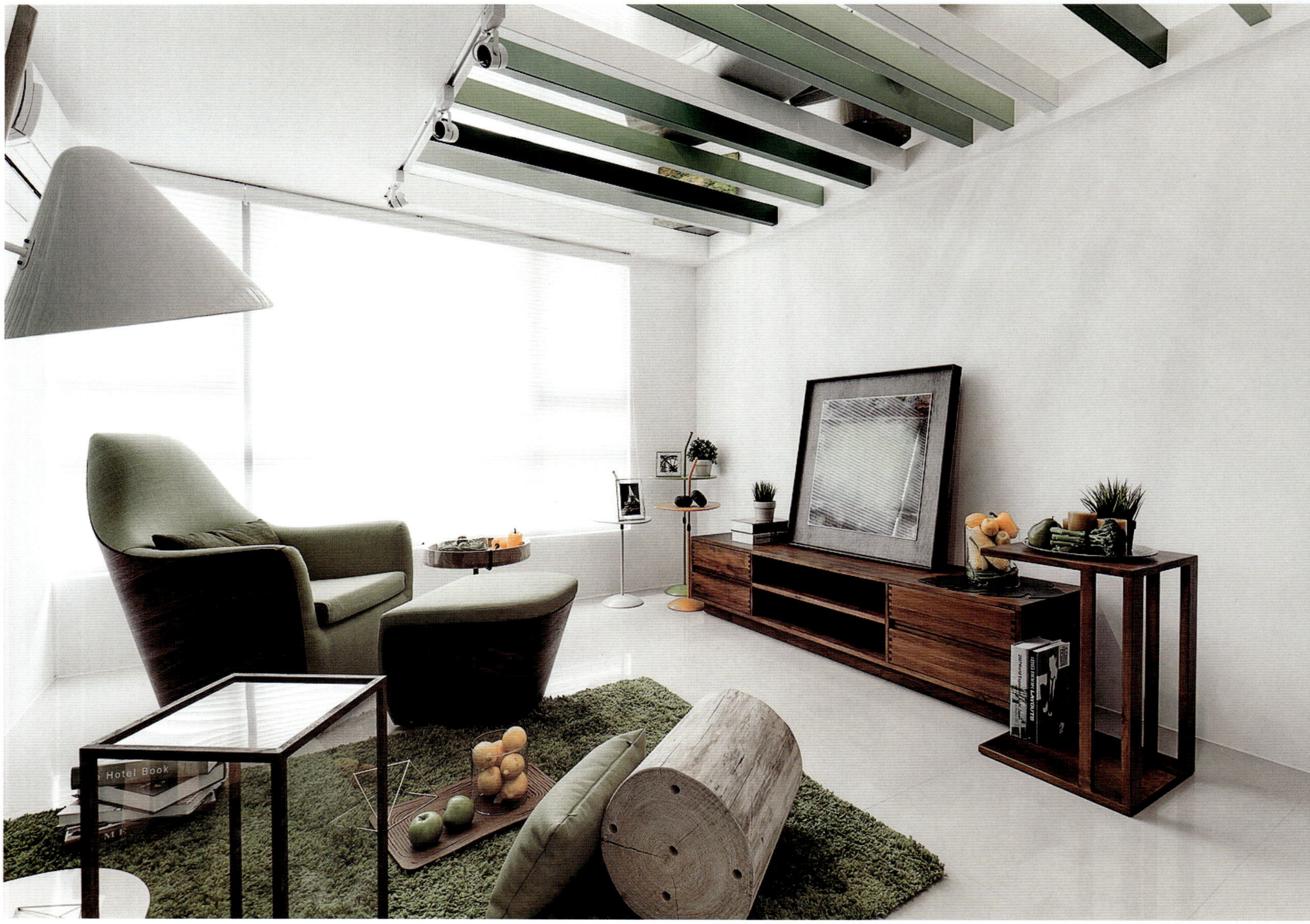

项目名称：都市树屋
地址：中国台湾台北市士林区
设计公司：大晴设计
主设计师：任依仁、张庭熙、林魁坚、林芳如
项目面积：60 m²
摄影师：微光马可

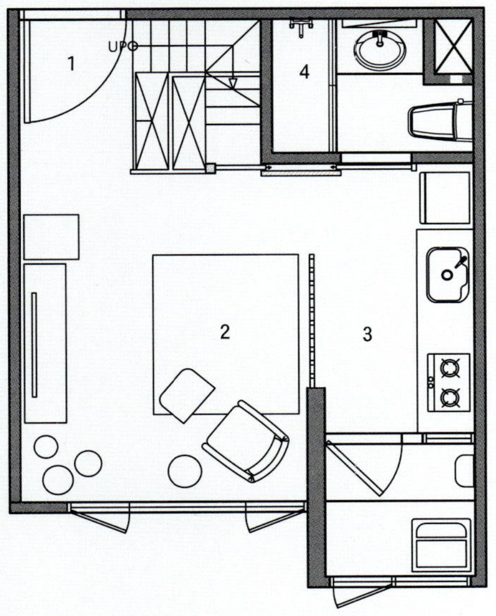

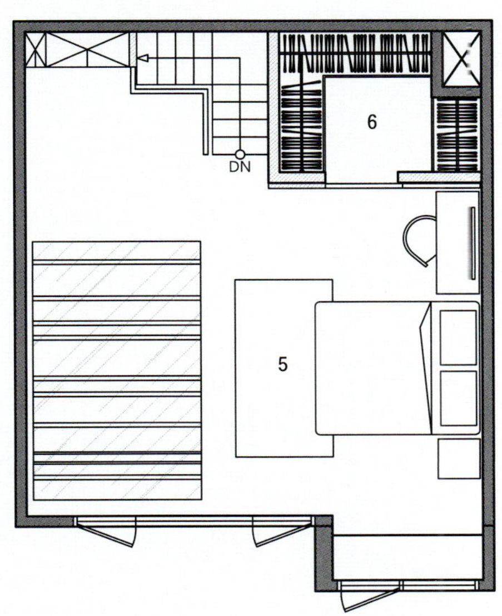

0 1 2 3 (M)

1. 入口
2. 客厅
3. 厨房
4. 浴室
5. 主卧
6. 衣帽间

平面布置图

设计说明

此案靠近阳明山后山，业主一人居住，虽然为小户型住宅，但原始空间的单面采光挑高与夹层设计让整个室内环境不至于过度阴暗，除设备与部分壁面需做处理，基本格局并没有变动的需要。

业主本打算规划一间客房，以供来访的长辈休憩使用，但在扣除卫浴与厨房空间后下层空间只剩下 7m^2 只足以满足客厅使用需求，设计师修补夹层挑空区域来增加了上层楼休憩空间，当客人来到时可以机动性增加床垫以符合休憩需求。

在这小巧空间设计案执行过程中，除了重点考量业主使用适性问题与基本生活功能需求，特别以反映在地风土为出发点，思考天母本身是较有人文特质宛如都市中的丛林，而事实上天母也正是位于阳明山山脚下的小型城镇，而小住宅则位于本大厦的顶端，远眺大自然，对比起来就像是大树上的小树屋一般，身处都市丛林的一角。

色彩/搭配

设计师大量运用白色调以扩大空间的视觉感受，减少面积小所带来的压迫感。隔栅和隔层C型钢选用低饱和度、深浅不一的绿色，色彩的韵律感扑面而来。沙发和地毯的深草绿色营造空间的重心感，随处可见的绿植和蔬果装饰则为空间带来森林般的清新感。

自然/采光

设计师选择将夹层挑空区域以下层原有隔栅钢材质做延伸，用玻璃与C型钢将挑空区修补满， 维持原本客厅位置上方的光线穿透性。叠加透光面材维持原本光线在整体空间中的穿透性，上楼层的光线经过透光面折射有了变化后，在下楼层影与影的交错，与窗外远眺纱帽山景致调和为一体，同时也减少空间压迫感。

主要材料：品牌家具、大理石、定制壁纸、定制柜门、KD板

主设计师：俞嘉

宁静格调别样魅力

大地色系的空间自然是温润、沉静的，橙色的沙发燃亮了客厅中热情的一面，使空间显得活泼了不少。而书房和卧室等休息区域都选用了橙色与蓝色这一组对比色，书房的墙面漆上静谧、深邃的靛蓝色，令人可以徜徉在阅读与思考的海洋中。主卧的床品与单人沙发、壁纸的色彩线条均有小面积的颜色对比，在舒缓的空间中显得格外生动。

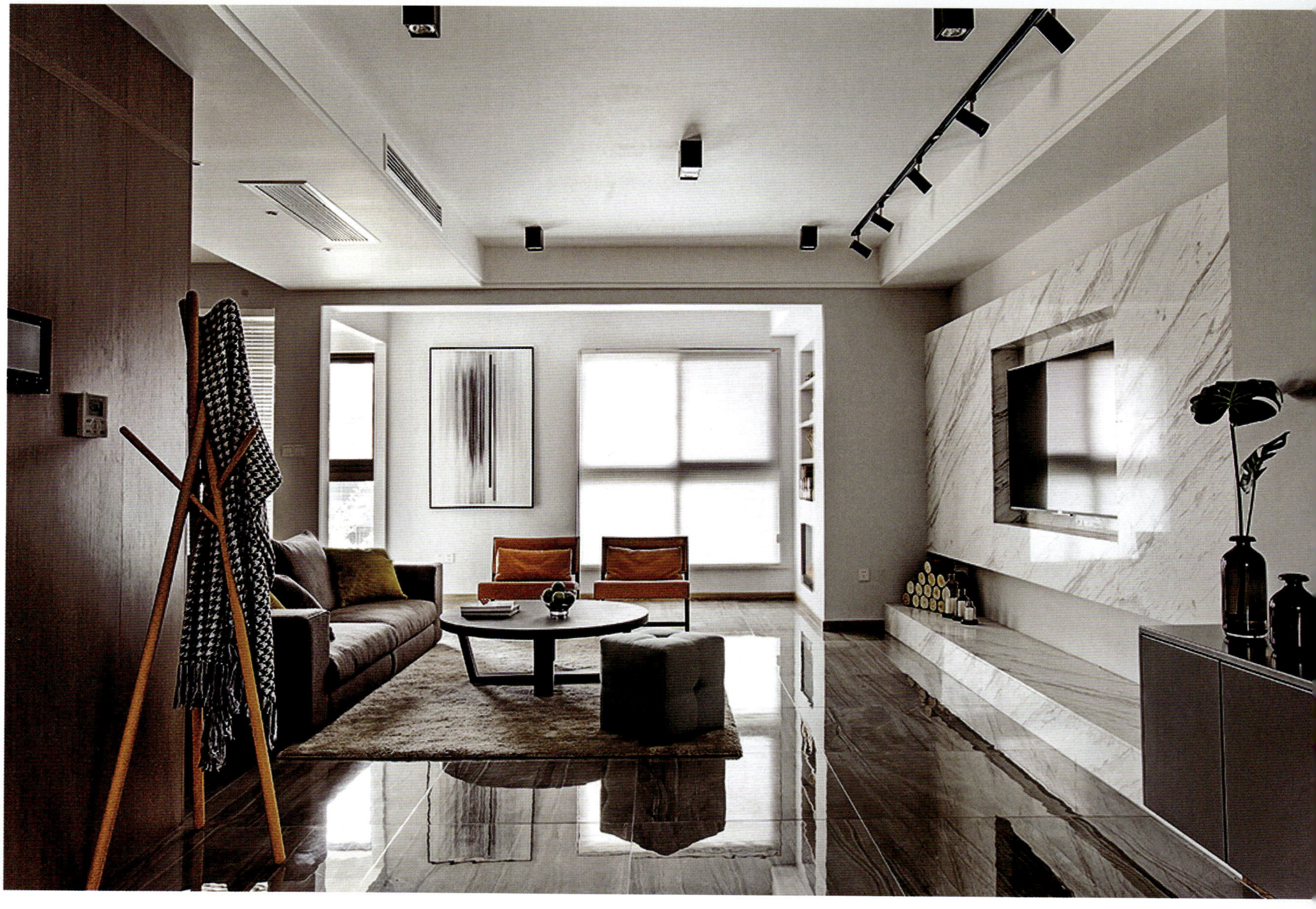

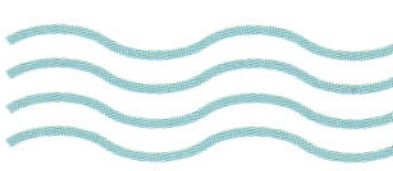

项目名称：嘉恒广场
地址：浙江省宁波市
室内设计：宁波省东羽设计公司
设 计 师：俞嘉、东羽
项目面积：215 m²

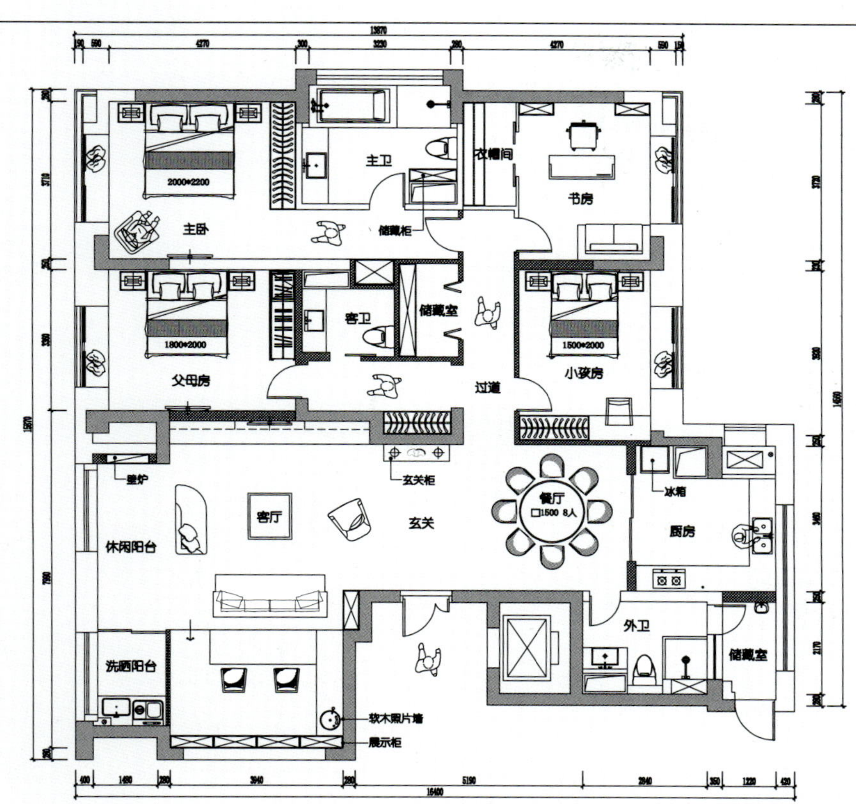

平面布置图

家具搭配

客厅中简洁低矮的沙发和茶几创造空间的开阔、自在，最大限度地引入自然光，内外通透，将室内环境和自然环境最大限度地联通和结合。沙发背后的会客区设计了水吧与茶桌，简约的茶桌和实木中式圈椅，原木的韵味契合主人的爱好需求，同时让居住环境更加舒适、贴近自然，带来别具一格的装饰效果。坐在茶室的椅子上，欣赏背景墙的巴黎景色，仿佛处身于埃菲尔铁塔的不远处。

设计说明

室内设计不是单纯地对空间进行布置划分，而是为业主思考一种适合他们的生活方式。整体空间的塑造规划中，设计师以现代简约的手法，通过色彩的搭配，营造时尚而轻松的空间氛围。

双客厅的设计将部分阳台导入室内，使得空间更为通透，其中部分地面的抬高处理，让空间显得更为立体。

餐厅则位于玄关的北面，在取材上使用了双层木制圆桌，巧妙地中和了上方棱角分明的灯具，摆上一束白玫瑰，纯洁的花配上此景刚刚好。因为卫生间的位置离餐厅比较近，为了不影响就餐环境，特意将卫生间的门做成了隐形门，让它和背景融为一体。

开放、雅致、温馨，在这个能够舒展整个身心的家里，我们仿佛嗅到了阳光的味道。

软装配饰

客厅中电视背景墙下面摆上了木头和蜡烛等装饰，调和了大理石墙面所带来的冷硬感，给整个空间增添了些许暖意。在电视背景墙南面增添了壁炉，隔板上摆上原木和艺术品。冬天窝在沙发里，翻阅一两本杂志很是惬意。明窗净几的厨房中，绿色小盆栽随处可见，百合的香味溢满整个空间，给厨房增添了不少生机。儿童房的公仔装饰生动活泼，床头小圆桌上摆着的艺术品摆件，表现出屋主良好的审美情趣。

色彩搭配

主卧的线条感很强，卧室背景墙由金黄和黑色相间的线条组成，黑色床头灯简约不简单，落地灯的蓝色灯罩和橙色沙发的搭配，使得氛围相对轻松。儿童房则是用了浅蓝色做主调，用明黄色做跳色点缀，让整个空间更加活泼跳跃。书房的绅士蓝与橘色书桌搭配，呈现国际范的时尚触觉与体验。

客厅的灰色布面多人沙发、浅蓝色懒人沙发、皮面橙色简易沙发，围绕黑色木制茶几摆放着，这样的色彩搭配正是应了女主人对各家庭成员能够在一个空间进行交流互动的期望。

CENTURY
HOME
The Most Excellent
Arletta
FURNITURE

主要材料：石材、金属、绿植

设计公司：双宝设计

缤纷木系光宅

奶白色的棉麻沙发搭配同系列靠枕，中间拼接抹茶绿色的麂皮绒，仿佛是划过明媚春天里的一抹绿，柔软的质感和清爽的色彩给人带来好心情。儿童房里粉嫩的卡通动物图形床单，简约的回纹样式窗帘搭配鲜艳的色彩，当暖阳肆意照进房里，一切都是小朋友们的挚爱。

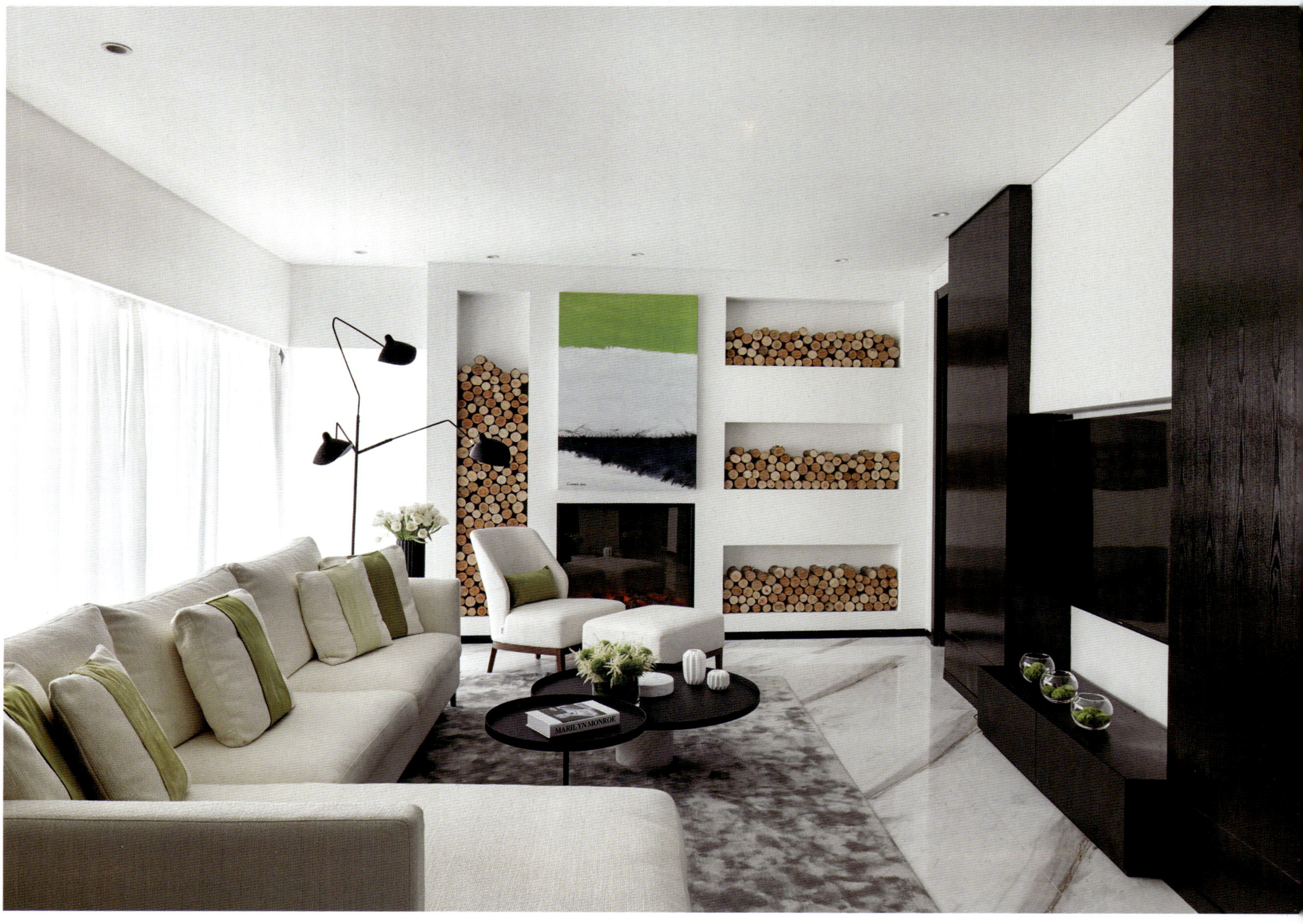

项目名称：灵性自然
地址：湖南省长沙市
设计公司：重庆双宝设计公司
设计师：重庆双宝设计公司
项目面积：300 m²
摄影师：邱若杰

平面布置图

MARILYN MONROE

设计说明

我们生活在自然中，却很少去尊重自然，本案通过人和动物在自然界生存的回忆，汲取灵感，将现代生活的点点滴滴与自然相融，建立起了人与动物、自然的灵性情感。设计师追求自然，感受大自然的灵性，感悟造化天道，保护灵性自然。

本案中每个空间，都将灵性自然传递给人们，用一颗热爱自然与生命的心去面对生活，用一双尚美的眼睛去发现生活。而每一件家具，都代表着主人对自然的尊重，将人与自然的记忆延续下来，一代代传承下去。

用收购而来的废木材，还原了客厅质朴的本质，保存了木材横切面的自然年轮，随意的垒叠，让空间墙体自然输入了森林的遗传特征。随处可见的绿植花卉装饰，让人感受到大自然给予的如沐清风的美好。梳妆台上，赫本的黑白装饰画赏心悦目，充满时尚与简约感。

MARILYN MONROE

ABCDE
FGHIJK

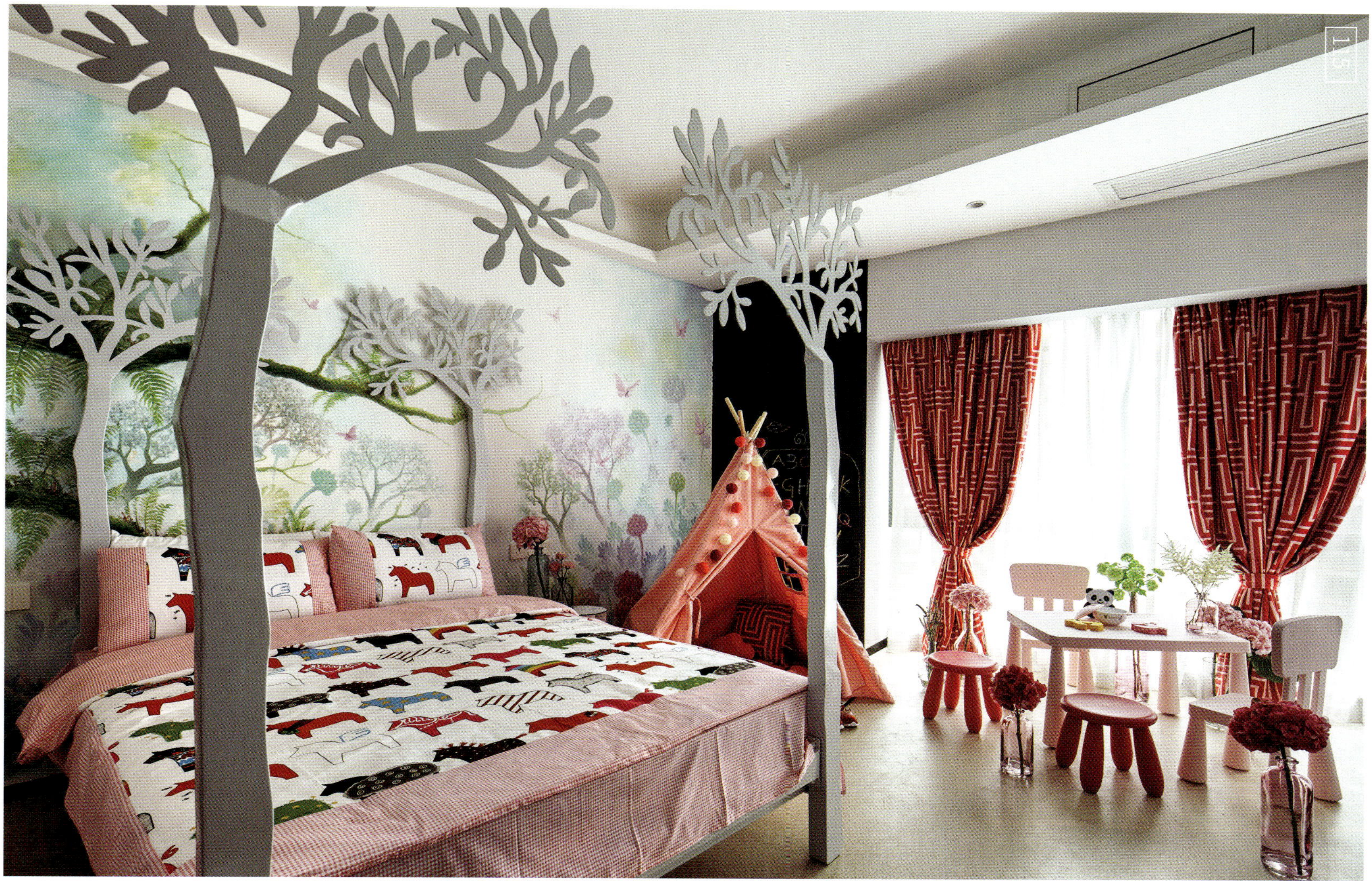

整体黑白色调的客厅中，绿色条纹抱枕和装饰画为居室带来无限的生机，满足了长期脱离大自然的城市居民回归自然的心理需要，黑色的树枝状落地灯满足了人们在不同情境下对于灯光的需求，表达出空间对于自然的向往与尊崇。儿童房中，法国品牌 Ibride 的云彩书架及粉色动物小家具，为孩子营造了一个充满童真和浪漫的空间。

主要材料：原木、高级灰、涂料

主设计师：孙文清

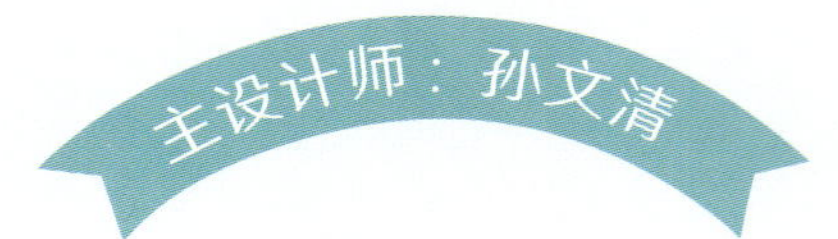

灵气清新的北欧时尚之家

引发无数想象的大地色，像烘焙得恰到好处的姜饼，又像北欧人最爱的咖啡，浓郁深沉，同时带有点优雅怀旧的气息。与大地色最为融合的绿色出现在墙面之上，低饱和度的灰绿色是北欧色彩中从不缺席的一员，再点缀上浪漫的橡皮粉靠枕，如樱花花瓣般温柔的色彩令生活也变得柔软。卧室床品使用带灰色调的尼加拉蓝，让空间看起来更加平静、和谐，表达出我们需要放松身心的渴望。

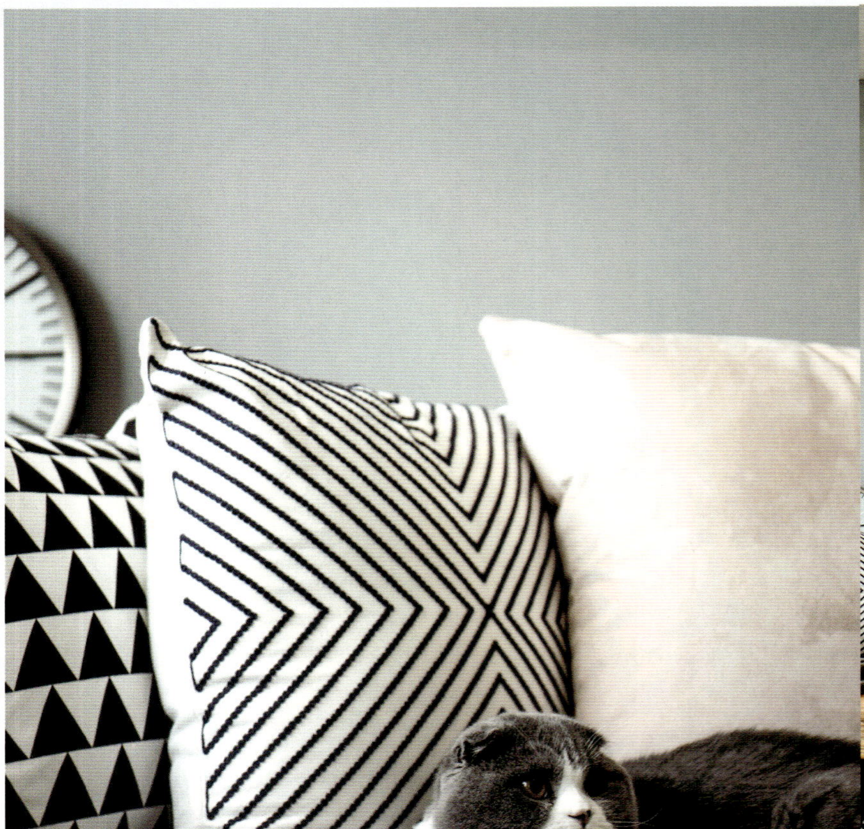

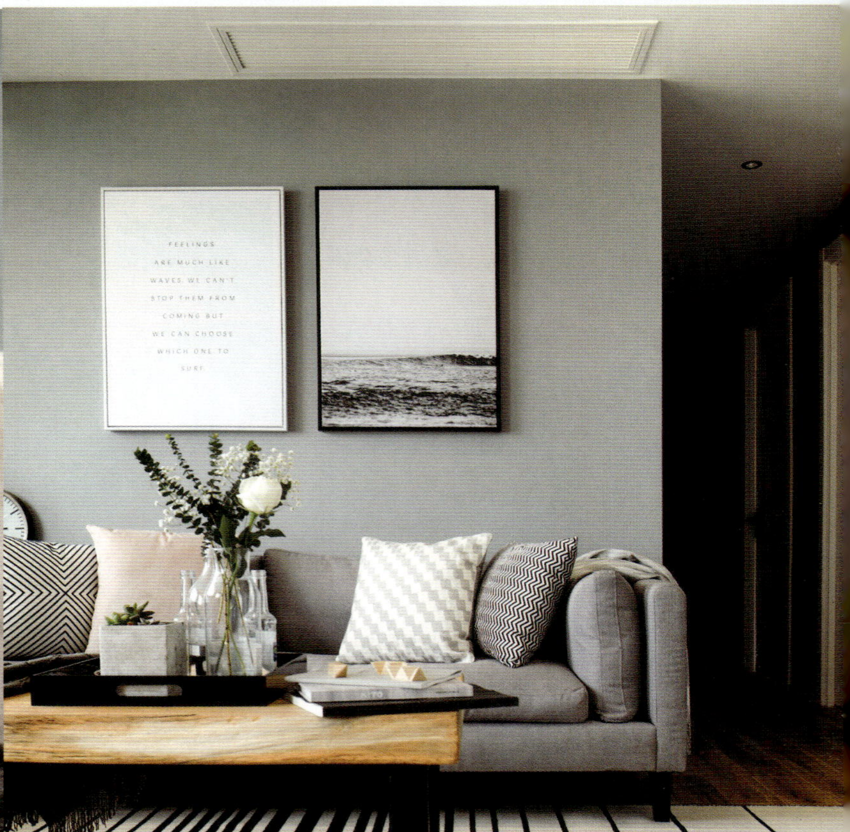

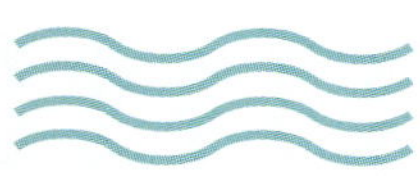

项目名称：与 TIMI 居于 37°C灰
地址：浙江省杭州市西湖区
设计公司：杭州文青设计
设计师：孙文清
项目面积：89 ㎡

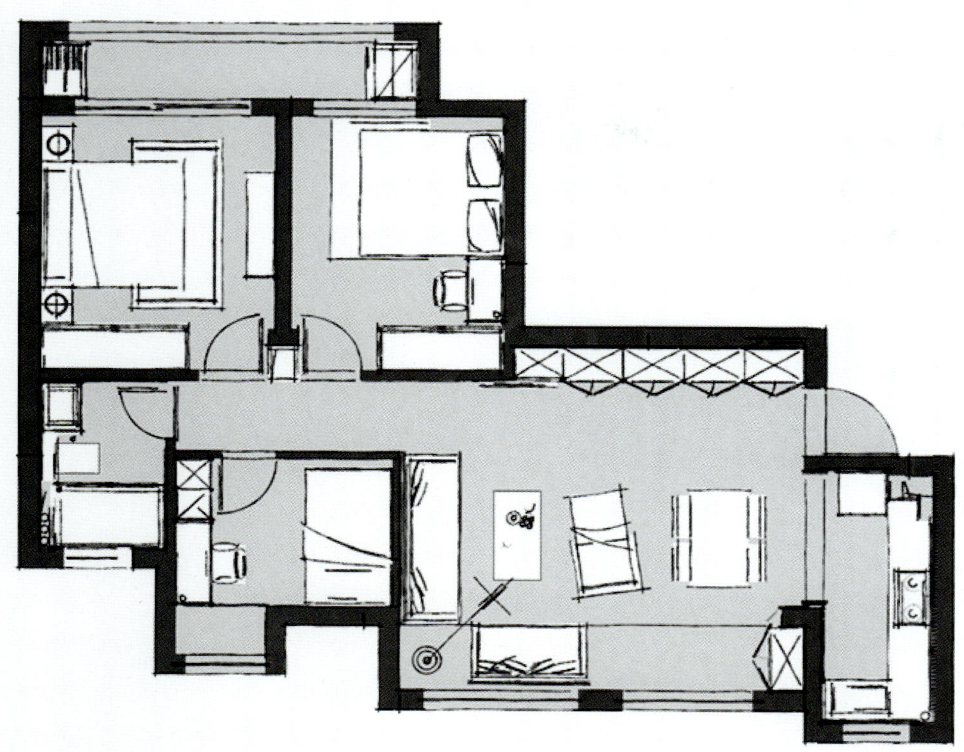

平面布置图

自然采光

公共区域设计师在规划上改变原有的格局条件，打通了阳台与客厅，开启两面大的窗户，让光线得以流通。透明的白色薄纱窗帘柔化了室内的光线，让业主同时获得私密性，也得到视野的开阔。当夜幕降临时，温润的自然光影悄然消失，取而代之的是顶棚暗藏的光源。从白天到黑夜，空间借由自然光线和人工光源，共同呈现宁静、舒适的氛围，让心灵可以安心停留。

设计说明

业主以前装修的时候都是以父母的意见为主导，这次这套新房终于可以按照自己的喜好来设计了。业主是个爱猫的人，养了一只叫 timi 的猫。猫有九条命，买之江九里，也带个九字！当时看房子的时候，看到窗户外翠绿的山色，设计师立马就定了下来：设计的时候尽可能让外边的风景与室内融合。业主对设计师说，希望她家的 timi 能有大的活动空间。业主喜欢朴实、自然的原木感，向往北欧的杂乱有序的生活，希望家里每一个物件都能给她带来惊喜。愿她都在这所新居里，活成自己喜欢的样子。

家具搭配

客厅靠窗的地台上，设计师根据空间尺寸，定制了一个沙发外框，让空间时尚感更强。复古羽绒三人沙发简约、舒适，高挑的沙发脚又为它增添了几分轻盈和优雅。定制的老木头餐桌和茶几，保存了木头的古朴又添加了时尚元素，使得公共区域散发着自然的原木气息。

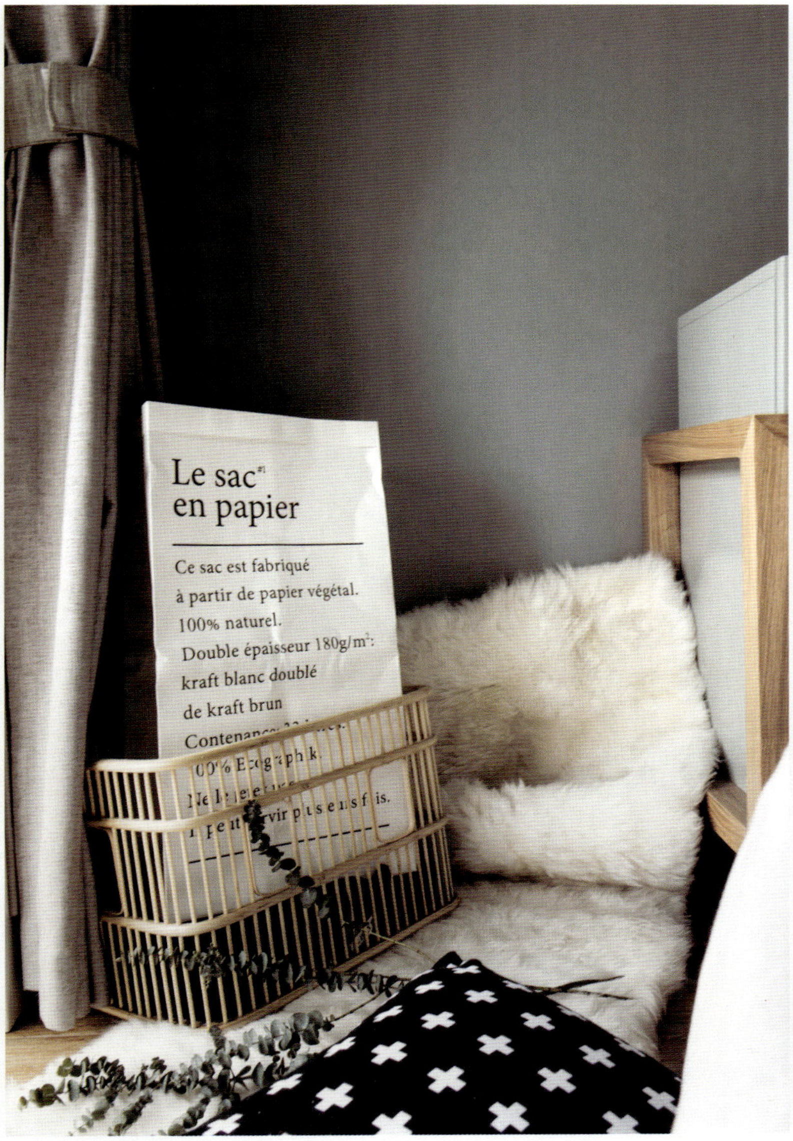
Le sac en papier
Ce sac est fabriqué
à partir de papier végétal.
100% naturel.
Double épaisseur 180g/m²:
kraft blanc doublé
de kraft brun

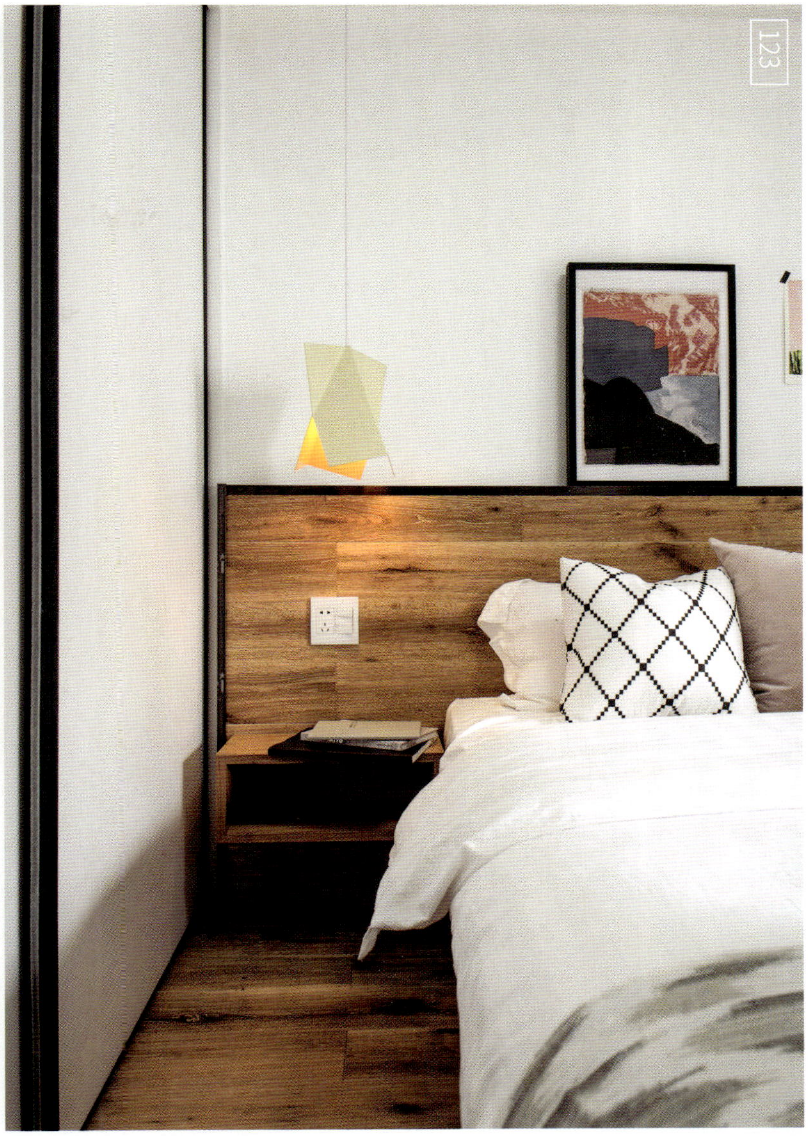

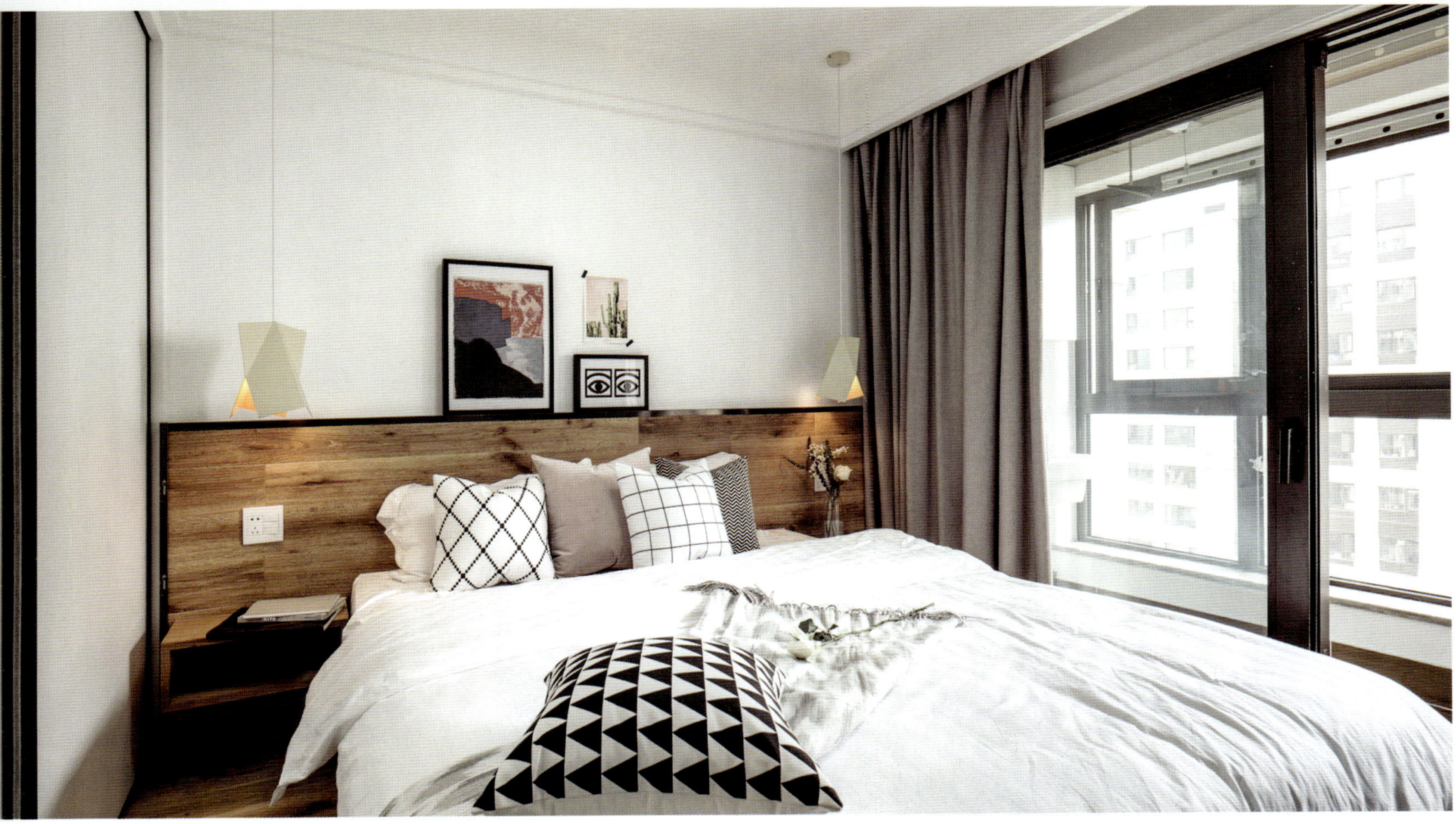

主要材料：木质、金属、瓷砖

主设计师：丁鹏文

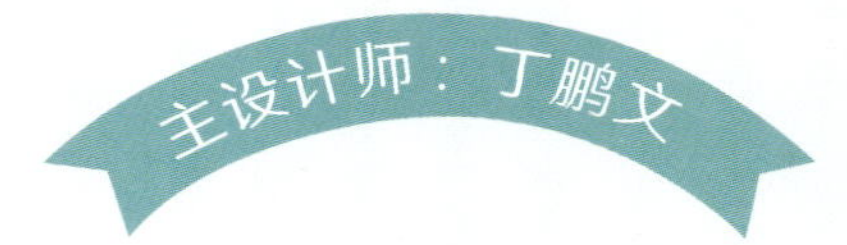

一见钟情的淡雅北欧风

黄铜色圆柱形吊灯由简约的矩形环绕重叠而成，细致的线条营造空间层次，衔接处的小灯泡犹如烛台般颇有复古的感觉。球形落地灯也将极简主义发挥到极致，圆圆的灯罩投过吹制玻璃球扩散出暖黄色的光晕，黄铜色支架高贵、亮丽，使客厅一角显得相当温馨。

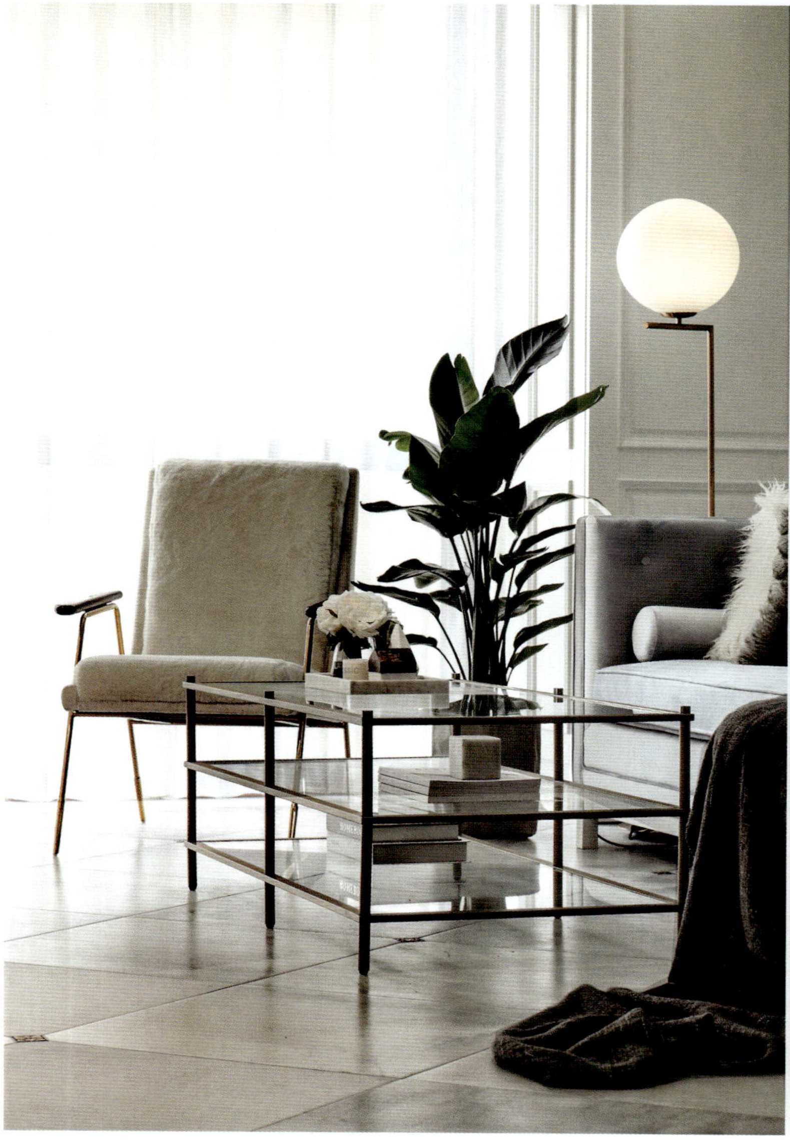

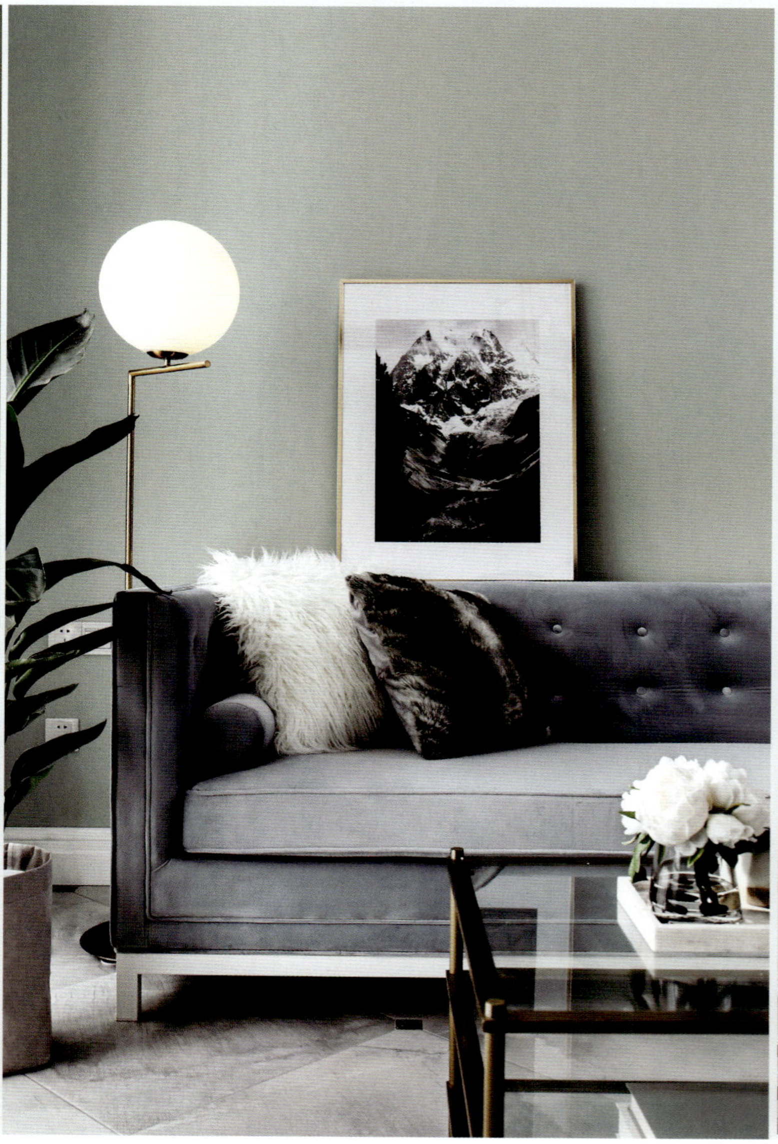

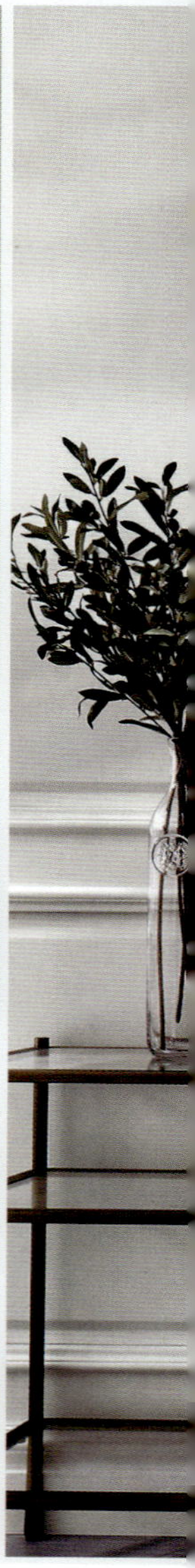

项目名称：梦漾
地址：江苏省南京市
主设计师：丁鹏文
项目面积：114 ㎡
摄影师：金啸文

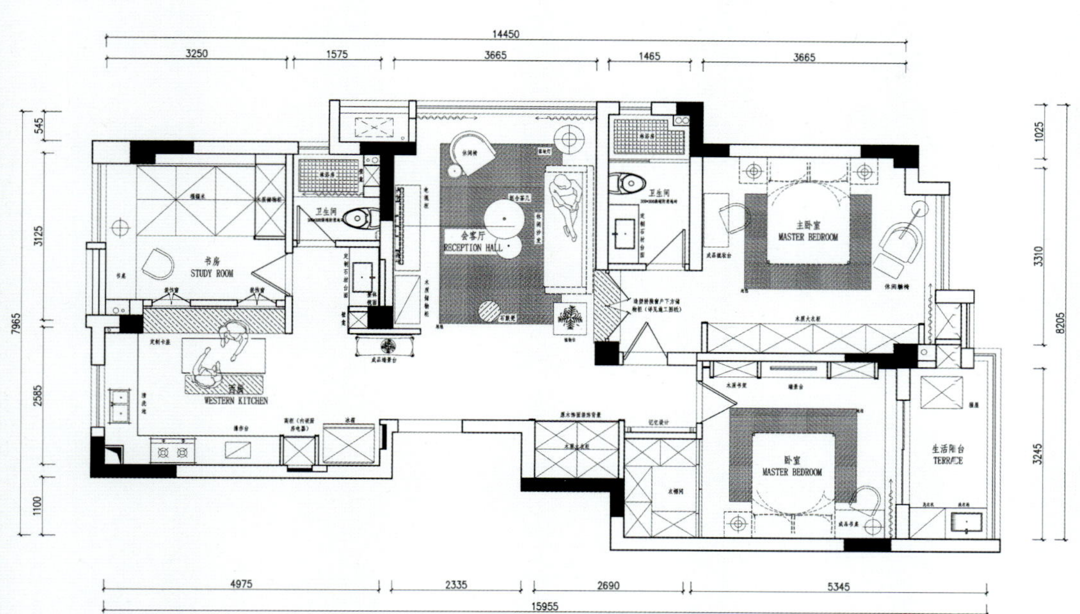

平面布置图

HOME BOOK

材料运用

本案中，公共区域以灰色调仿大理石纹瓷砖，丰富的纹理带来生机与活泼。白色的护墙板，为空间营造出清爽、干净样貌。客厅正中的绒面沙发，搭配长绒抱枕，金属边的双层玻璃茶几，柔软的暖意中散发出优雅灵动的气息。整体空间通过不同材质之间的质感、肌理与温度的变化，表现出丰富的层次感与视觉平衡。

家具搭配

公共区域，一张三人沙发，几个不同颜色、材质的靠抱，形成温馨、舒适的家庭活动中心区。三层的长方形茶几，以金属为框，玻璃为面，让空间显得更加精致、透亮，同时也能满足客厅收纳的需求。白色球形落地灯，如月亮般皎洁，为空间带来安宁、静谧的氛围。

设计说明

人生所有的愿景或许会在某一刻、某一处，白晃晃、轻柔柔的梦境里得以实现。惺忪睡眼的你应该不会失望，所有困顿、乏力和挣扎都会消失。光束晕开是铺满的白色，光也不会泛黄。

南京紫金山下，114 m^2的普通公寓住宅。一对中年夫妻和带着他们读小学的女儿和两只喵先生同住。他们夫妻俩性格都很温和细腻，女儿内敛却又带着点小调皮，三年级的她有着大部分小朋友的天真、可爱，当然还有不高的自觉性，所有业主表达希望空间规划上可以给予相对的独立和联系。

规划梦漾平面方案的时候，设计师想一定要是最大化的敞开空间，让下班后的夫妻俩和放学后的女儿可以更好地交流，且在一个放松、纯净的空间里，哪怕只是一家人偎在一起看一部电影或者读一读书听一听音乐。小时候是叛逆的，小时候放学回家扔下书包就被父母撵进自己的房间里写作业，可能还会听见客厅里电视的杂音，偶尔也会是父母拌嘴的声音。所以，做设计是给予一种关怀，通过空间来得以实现，相对满足隐私空间的前提下，最大化的给予公共区域且达成舒适性。

主要材料：科技木饰面、瓷砖、灰玻璃、石材、亚光白漆

主设计师：谢培河

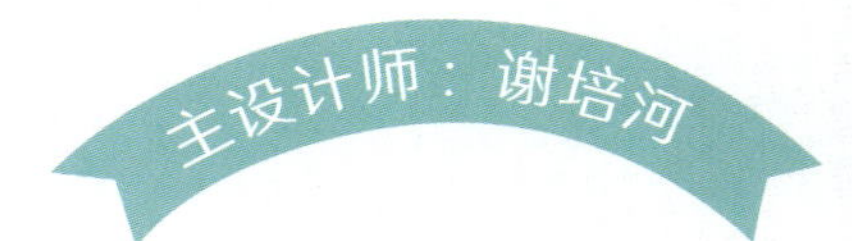

别样的简约情怀

黑白的墙面，灰色地面、沙发与地毯，简单、干净的空间将黑、白、灰运用到极致。与棕色沙发、靠枕的相互搭配，实现了微妙的层次跳跃，在暖系灯光的照射下，柔和了空间色彩，显露出温馨、雅致的质感，让生活回归最纯粹的方式。

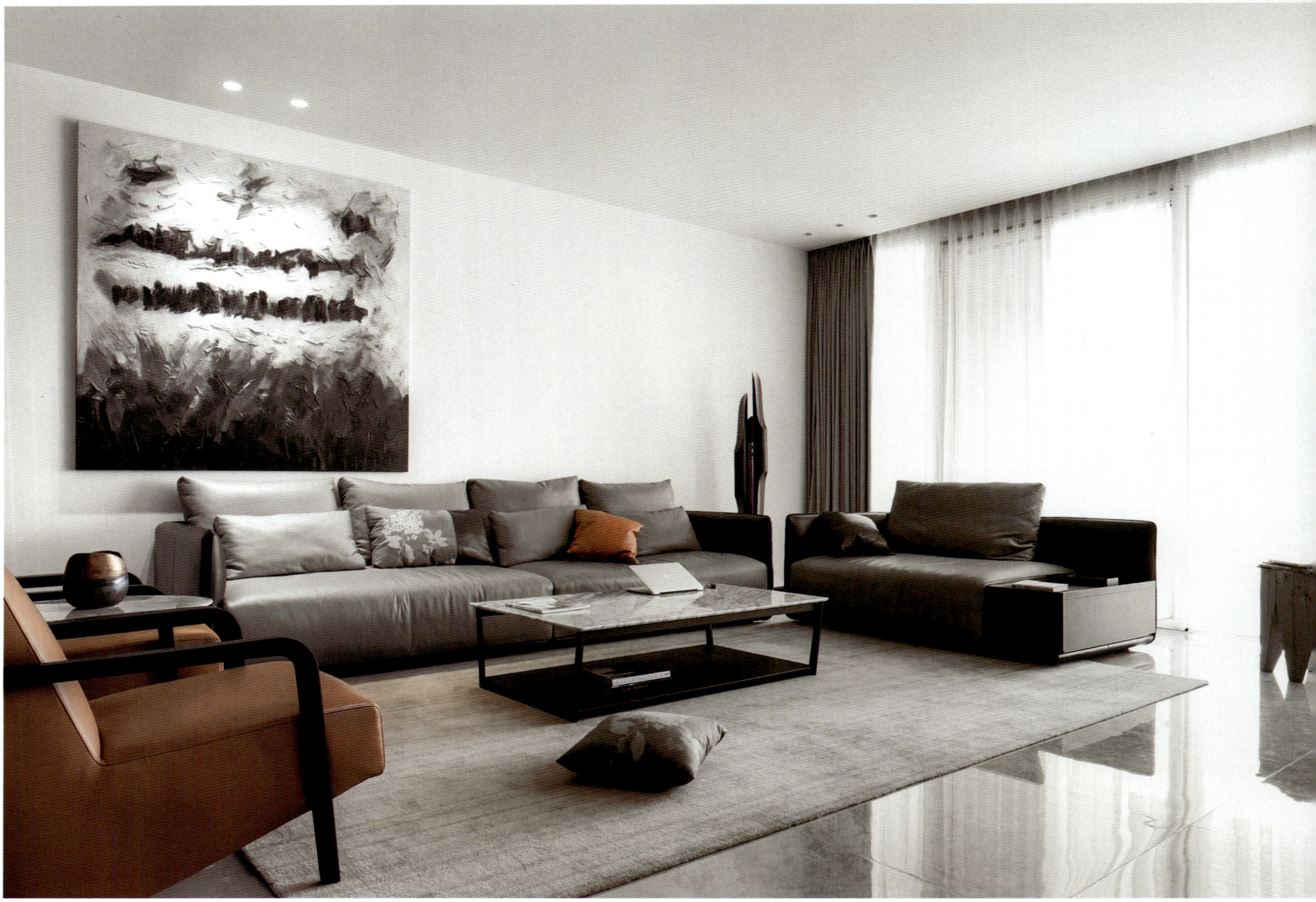

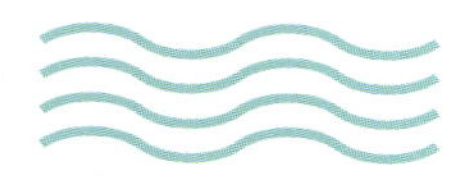

项目名称：灰盒子
地址：广东省汕头市
室内设计： ADD I 艾克建筑设计
总设计师：谢培河
项目团队：纪佳楠、周倩、吴奋达
项目面积：250 ㎡
摄影师：欧阳云

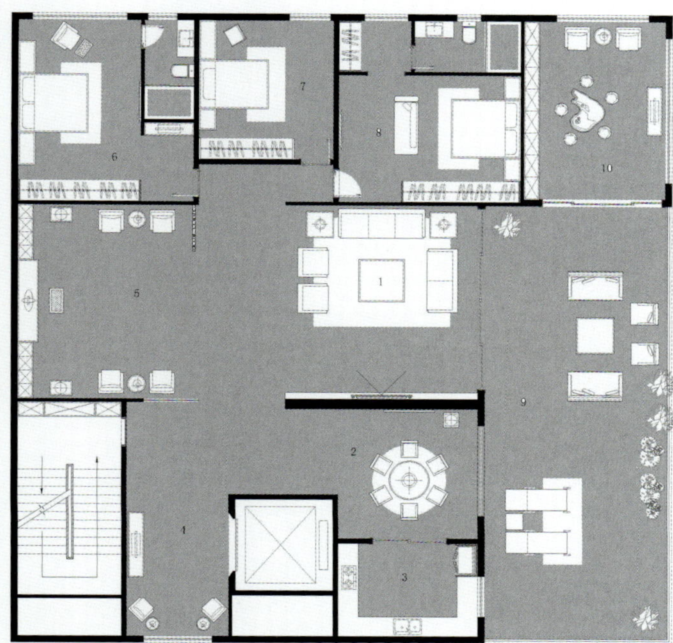

平面布置图	Plan
1. 客厅	1. living room
2. 餐厅	2. restaurant
3. 厨房	3. kitchen
4. 电梯厅	4. elevator ha
5. 佛堂	5. the temple
6. 主卧房	6. master bedr
7. 儿童房	7. children's
8. 长辈房	8. elders room
9. 观景阳台	9. viewing bal
10. 茶室	10. tea room

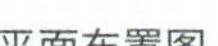

平面布置图

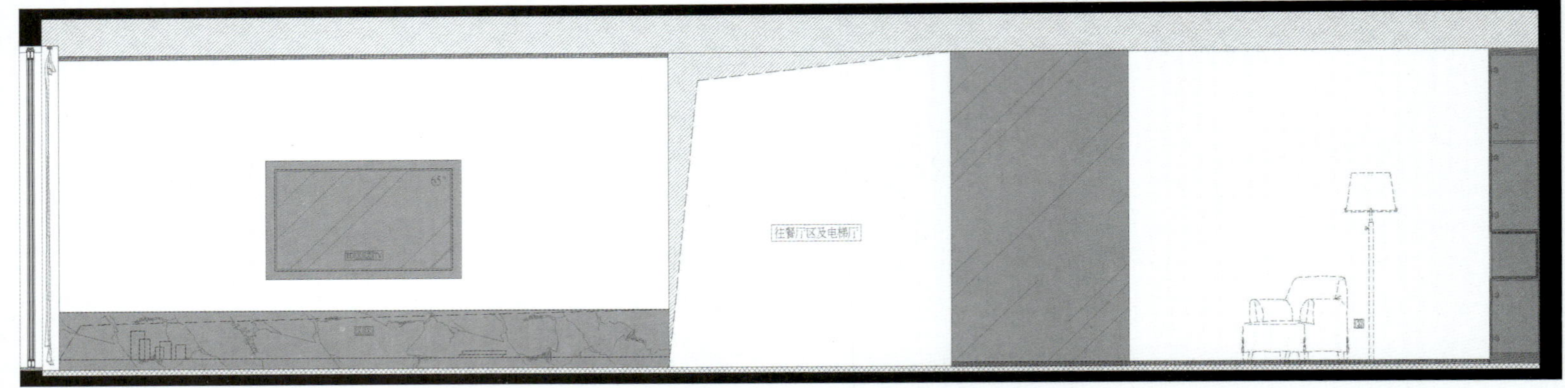

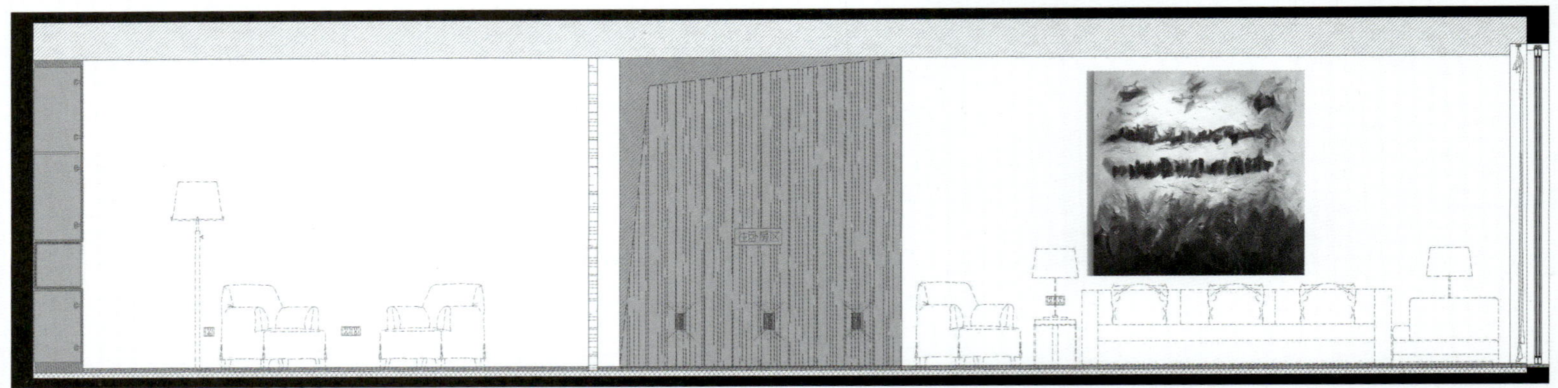

色彩搭配

业主年轻时尚，设计结合业主生活情节，打造高级灰的极简住宅。整体以最为低调的黑、白、灰三色为主，营造质感空间。设计重笔在“灰”，含而不露，平衡着黑白界限分明的强烈对比。局部使用暖色系的大地黄，在灰盒子中渗透着温度。

空间规划

在整体布局中，设计师将东西方设计哲学完美融合，演绎出极为纯粹的现代主义风格。空间板块线条的比例合理，简约又不失精致。电视背景墙隔断客厅与餐厅，彼此独立，又彼此交融。偌大的窗，框出了最美的风景，让空间能自由地吸收自然光线带来的能量。

材料/运用

公共区域亚光白漆和大理石因为自然光的反射，把空间分出了层次。皮质，木饰、瓷砖、灰玻璃茶几等不同材质的巧妙搭配，丰富了空间格调。皮面沙发组合搭配大理石面的茶几，表现出低调、优雅的空间气质。餐厅圆桌上金属质感的别致器具，于不经意间彰显个人风格和品位。

设计说明

提及农村自建屋，在很多人的印象里，都会出现一个即使花大价钱装修也依旧土里土气、浪费了大把空间、没什么设计感的独栋多层方格子。

灰盒子隐于远离闹市的汕头临海乡村，一个农村自建屋的加建项目。艾克建筑设计（ADD）发出另外一种声音，以黑白灰的极简与纯粹，为自建屋添上一道遗世独立的风景。

黑、白、灰空间嵌套了一幅同为黑白灰风格的文艺画，注入一抹水墨画般的轻盈潇洒；静谧的空间加上艺术的气息，这简练而灵动的情境令人沉浸。极简，是一种情结，摒弃过多繁复的设计，反对刻板的形式设计态度，勿堆砌，给生活做减法，追求更适合人的居住的生活环境。

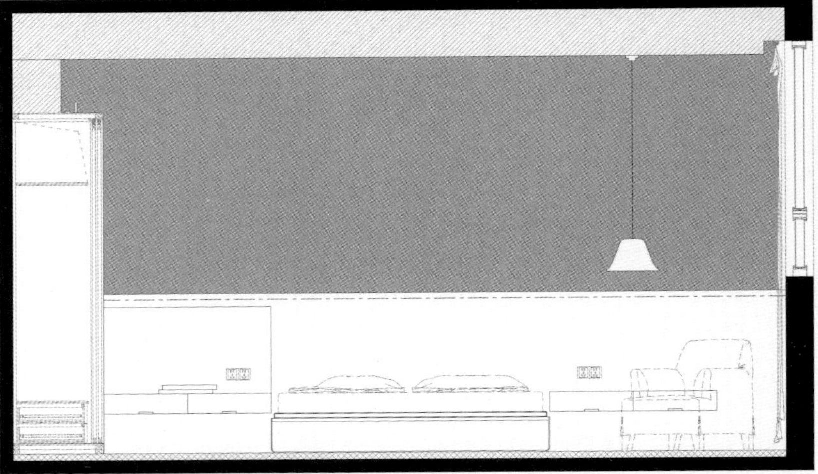

主要材料：瓷砖、原木定制、石材、板材

设计公司：以勒设计

舒心简约的北欧范儿

纯净北欧风格空间往往会在其中放上一把休闲椅，搭配缤纷活泼的色彩更能丰富空间的表情。居室的一角使用原木材质打造一把大红色休闲椅，自然的弧度能够让人伸展最舒服的体态，演绎北欧设计的雅致与活泼。卧室中分别有红、黑两把椅子，无比流畅的线条设计完美地贴合人体曲线。客卧中温暖慵懒的橘黄色沙发无疑为居室环境增温，多的是一份让人无法拒绝的恬逸。

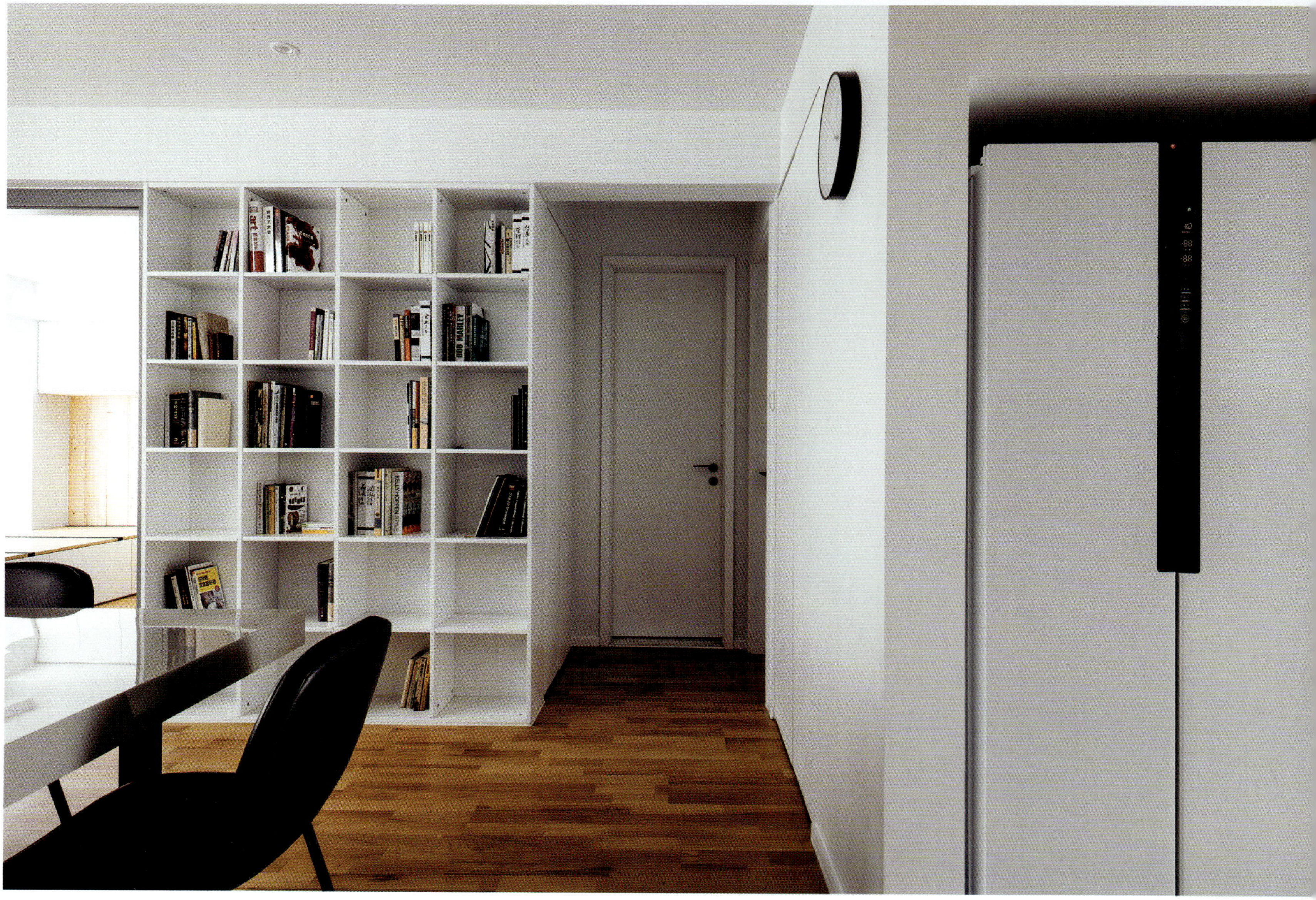

项目名称：清见
地址：四川省成都市
设计公司：以勒设计
项目面积：140 m²
摄影师：李恒

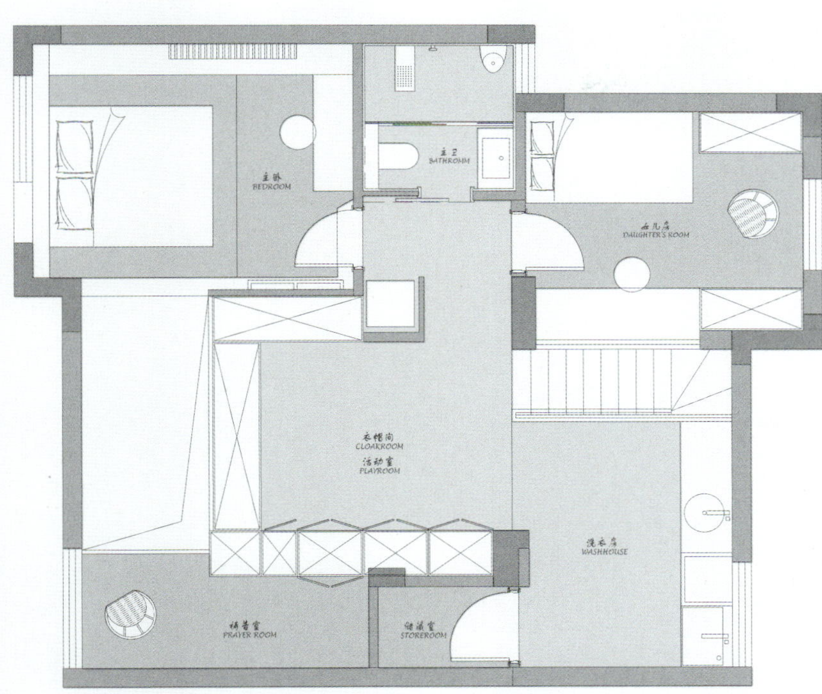

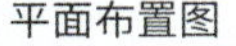

平面布置图

自然/采光

客厅本身有一个开放式阳台，足以带来充足的自然采光。设计师选择打通了阳台和客厅，将沙发置入原来的阳台位置，大量木饰的运用表现出天然纹理的美感，共同为孩子们创造一个宽敞明亮、自然清新的活动空间。在楼梯转角处，设计师利用原有的异形结构，种上绿植，创造出一个室内小花园，与窗外绿荫遥相呼应，在自然光的洗礼下显得明媚而舒适。

设计说明

生活是生命的盒子，在这个盒子里我们放什么便见到什么。我们尝试去清心，去见到我们最想见到的。
喜欢大台面的自由度，让我们有更多可行性。陈列成长的印记，打开未知的世界！
让每一处布满阳光，人们喜欢原木，是因为它在阳光下孕育成长的。顶上的老木板，材质并不好，原房主的楼板在这里有十年了，让它留下来吧！可远眺，可沉思，可与天地相融！要明亮的空间，要白的发光的墙，它是干净的，孩子们需要空地。
生命是一场修行，要“敬畏”，要“绽放”！最终我们看见生活，清见自心。

空间/规划

本案打破了传统客厅规划方式，放弃沙发和电视的组合，让沙发正对一张石桌，为孩子创造一个阅读、涂鸦与聆听的家庭主要活动空间。更多操作台面加小倒台的厨房规划，鼓励亲子间的烹饪互动，让做饭不再孤单。儿童房异形的结构，经过处理，成为一个浪漫的小城堡吧，让孩子可以在平静中睡去。

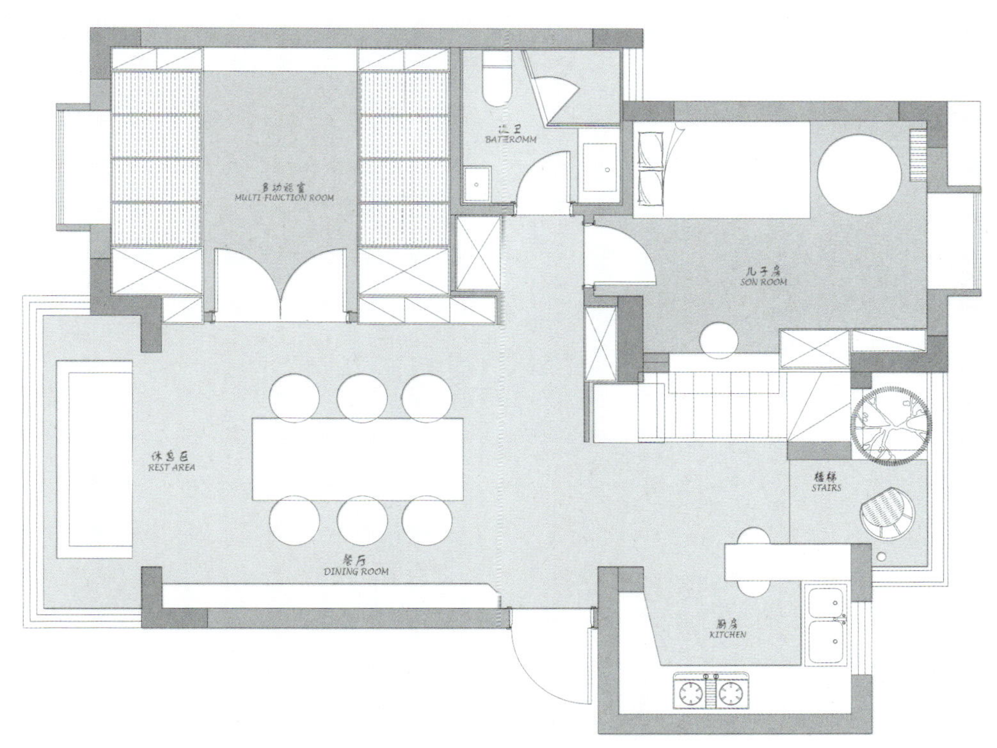

平面布置图

设计公司：以勒设计

淳朴典雅的自然风情

除去吊灯等主光源让空间没有了单一的形式感，客厅顶棚上满天星式的射灯发出微光，营造出舒缓的生活情调。电视墙上暗藏的 LED 灯带，投下的光影如轻盈的帷幔般制造出梦幻的效果。卧室在灯光的萦绕下亦显得轻盈浪漫，在木质的空间中并不会过分甜腻，反而有了一种家的温暖。

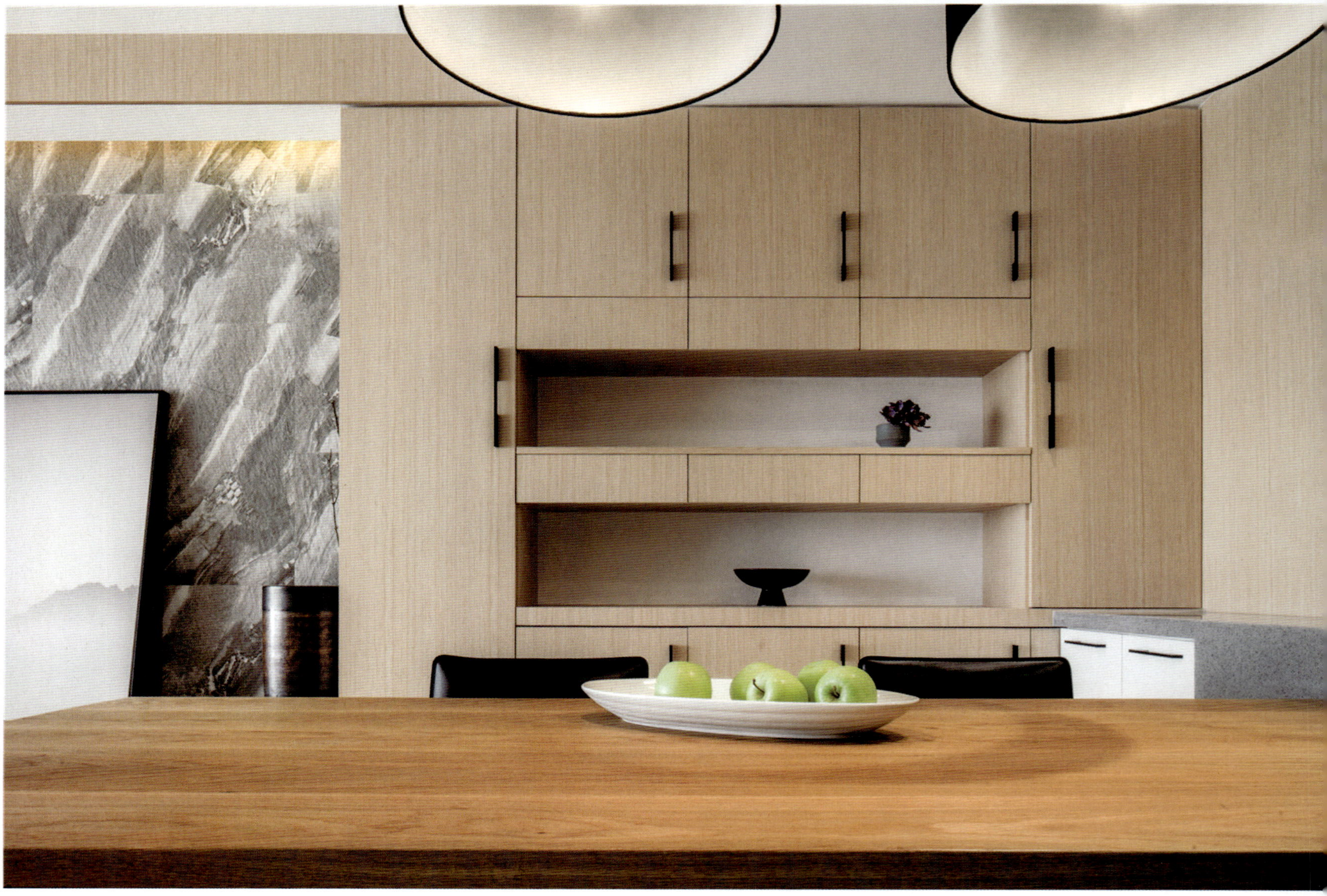

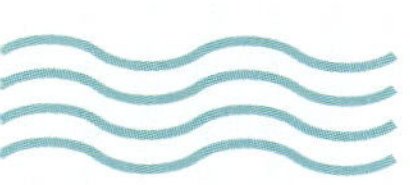

项目名称：如此
地址：四川省成都·银泰泰悦湾
设计公司：以勒设计
项目面积：110 ㎡

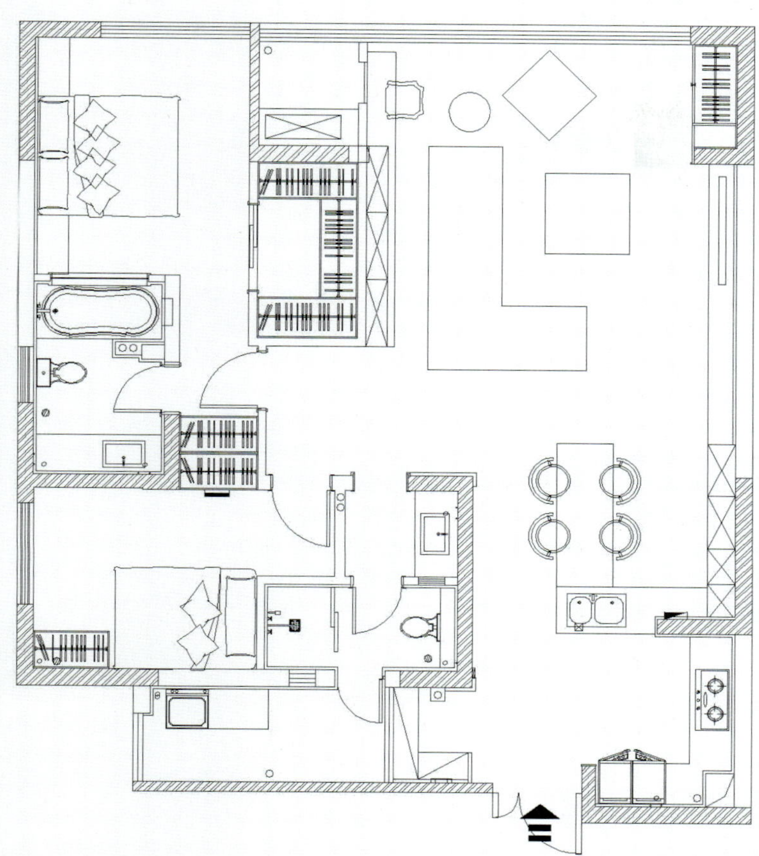

平面布置图

材料/运用

在材料运用上，设计师用最简约的设计手法，来诠释业主生活精神及心灵的一种返璞归真。客厅电视墙用了大理石，大理石的天然纹理，成了一幅抽象的山水画。木材被运用到了大部分空间，开放漆的处理，使原木在视觉上有一种日式近禅意的既视感，强调业主不偏不倚、折中调和的处世态度。

自然采光

宽敞的客厅区域开启了一整面墙的落地玻璃，阳光可由客厅辐射至开放式的餐厨区，让整个公共区域都可以享受阳光的沐浴。这样通透、开放的设计，让家人之间有了更多的交流互动。自然的采光与木色主调相得益彰，创造出一种温暖却不轻浮的氛围，展现出生活的品质与格调。

设计说明

如此，是一个对生活本应该有的一种释然的态度，既可以理解为褒义词，亦可以理解成贬义词，决定它的是后续词语，所以"如此"更应该叫作中性词汇。这其实表达了一种中庸的生活态度。成都，这一座被外界羡慕的安逸的城市，人们在这里过着与世无争的生活，来到这里的人似乎都慢下了脚步，在设计之初业主也在强调家庭的生活理念。

在设计上我们去繁从简，空间没有艳丽的色彩跳跃，原木色搭配的黑、白、灰会给人一种释然的安静，居住空间让人享受那一份安宁和安全感。在空间中我们能够看到一些地方做了灯带，这个方便晚上夜归或者半夜起床时避免光源直接的照射，使业主感觉到很刺眼。

整个的空间设计上摒弃很多看上去高大上的装饰。设计本身做加法很简单，难在做减法。在这个快节奏的时代，很多客户最终追求的是回归，设计也应该回归本质。

设计公司：好设计

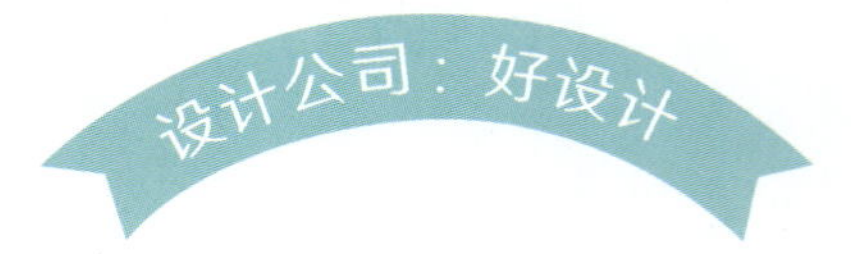

舒适北欧蓝的清爽之家

整个空间以灰蓝色为主调，大面积灰蓝色墙面清爽而明亮，使空间看上去要比实际面积大得多。乳白色顶棚搭配深蓝色的布艺沙发，姜黄色抱枕的点缀使整个空间充满活力。局部吊顶顶棚、窗台的原木色使用也十分和谐，与绿植的配合在窗台边组成了一个小景，带着岁月安稳的美好感，闲适的感觉呼之欲出。在静谧的蓝色空间打造出一个美好、舒适的睡眠区域，整个空气里都透着夏天的清新味道。

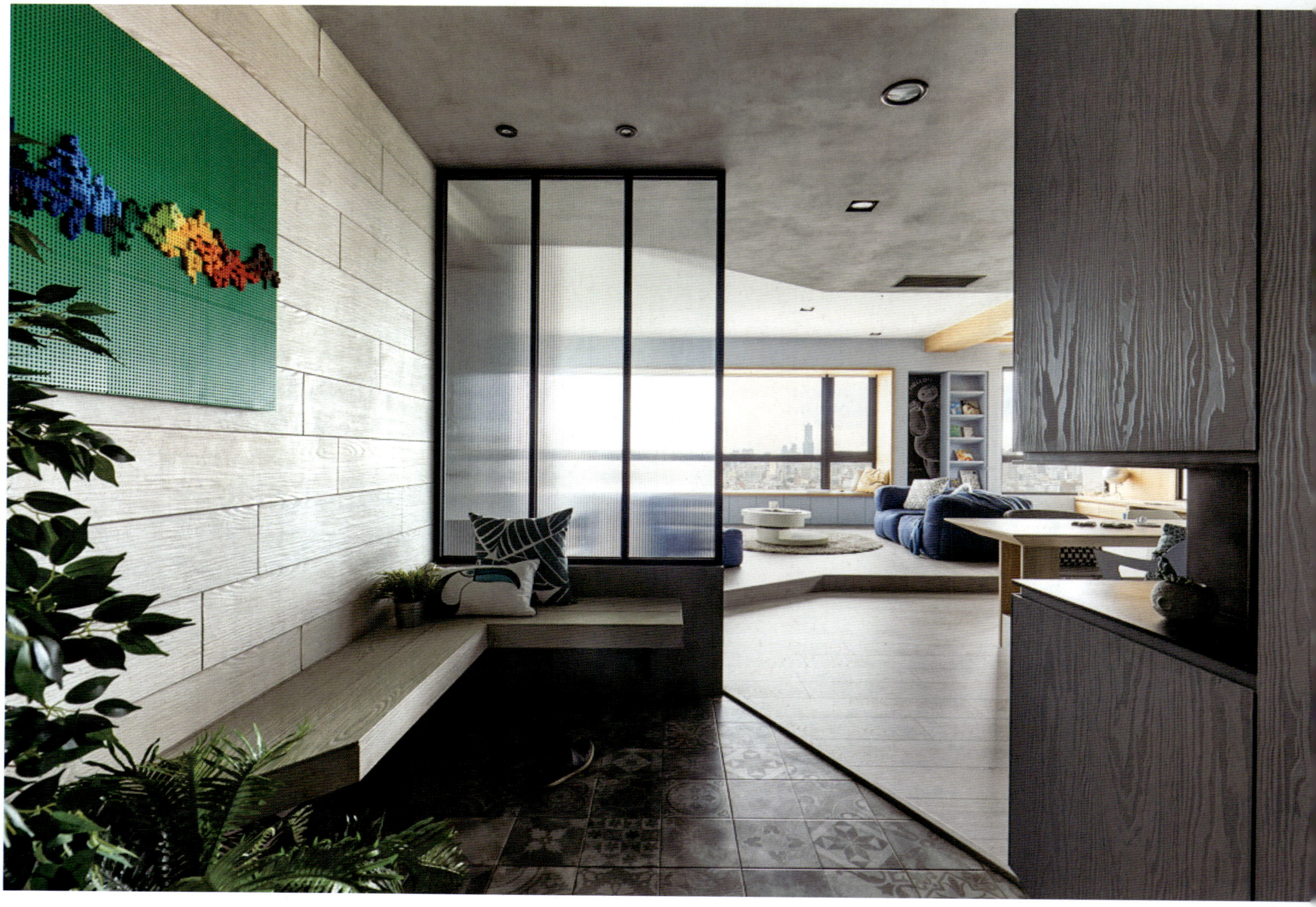

项目名称：Blue and Glue
地址：中国台湾高雄市
设计公司：好设计工作室
摄影师：Hey!Cheese

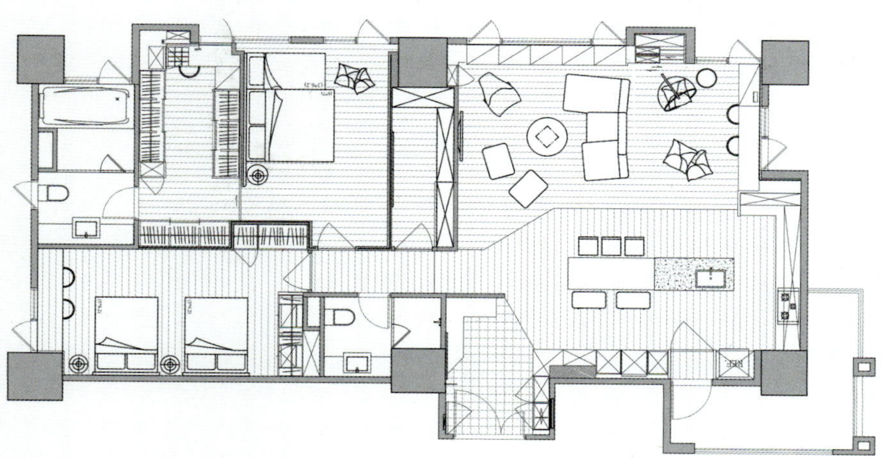

平面布置图

设计说明

这是位于高雄的四口之家寓所，Lucas 与 Kelly 是在海外旅游相识相爱的，目前已经组建了家庭。夫妻俩酷爱烹饪，并有了两个可爱的女儿。女儿们还处在学龄前阶段，所以在设计之初，他们便要求设计师为他们打造一处开敞的厨房，这样就可以在烹饪的同时给孩子们更多的照看。

基于他们的个性，设计师采取了低调现代主义风格来诠释这个空间。整个家居散发出淡雅、清新的气氛，稳重中穿插着童真。

宽阔的窗台成了主人们的最爱，放上几个松软的垫子，看窗外或阴、或晴、或雷、或雨的景色，感受家庭的分外温馨，也可以现磨一杯咖啡，拾起一本书，抛开世间纷扰沉浸其中。

夫妻俩人生活的另一个重心当然就是孩子们，为了培养她们的创造性，设计师在这个家安排了许多秘密的藏身处及小机关。比如入口玄关墙壁上的乐高“黑板”，鼓励孩子们可以进行有趣的创作。起居室的一个局部墙面被设计成了真正的黑板，家长可以定期在上面创作一些对孩子们有启发的图画，让她们模仿。

柜子设置了许多收纳空间和有趣的柜门，培养小孩从小对个人物品的保管与收纳习惯，即使孩子们大了，也并不突兀。

空间/规划

局部的木框吊顶和升高的地台为空间简单地做了划分，墙面的窗子做了最大尺度的优化，为空间提供了极好的视野与阳光，随着孩子们渐渐长大，这里将成为他们学习与阅读的区域。对于经常搭档为家人准备每餐夫妇二人，厨房与餐厅无疑是他们的生活重要核心，开放式的厨房为他们提供了足够的空间和操作台共同准备餐食，厨房正对客厅的设计可以让他们随时关注孩子们的动态。

色彩搭配

褐色的马赛克瓷砖被用在了公共区局部墙壁与清洗台上，清水混凝土涂料将吊顶整个覆盖，给人感觉带来丝丝凉意。蓝色的壁柜与混凝土墙面相互咬合，斯堪的纳维亚风格吊灯及木色的餐桌又为此处带来了些许暖意。孩子们的卧室选择了更加自然有活力的蓝色、绿色、黄色，同时通过一面混凝土灰色墙面的调和，营造出稳重中带有活泼的色彩氛围。在主人的衣帽间，古旧的地板、黑色的衣柜，白色的墙面是这里的一切色彩，甚至连柜子里的衣服也几乎非黑即白，显得非常低调奢华，甚至很酷。

设计师：Jeff Weng

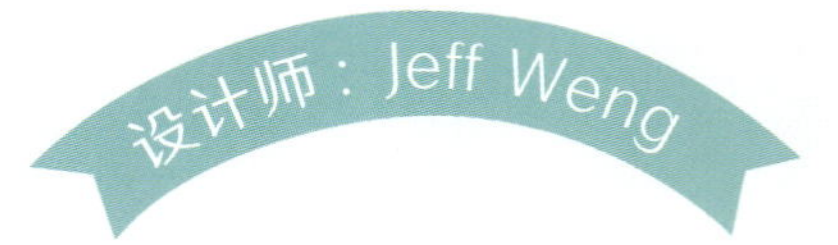

构筑北欧休闲小家

灵动的沙发加休闲椅的组合令空间更为宽敞、开放，经典的皮革蝴蝶椅线条简约时尚，就如展开的蝴蝶翅膀，其可随意折叠的形态相当适合小户型家居。被简化了的扶手高背温莎椅带着经典的线条美感，被刷上鲜亮的红色，成为空间的点睛之笔。而横跨于客厅中的棉麻编织吊床，配上坐垫后舒适度倍增，成为大人与孩子一起娱乐互动的最佳场所。

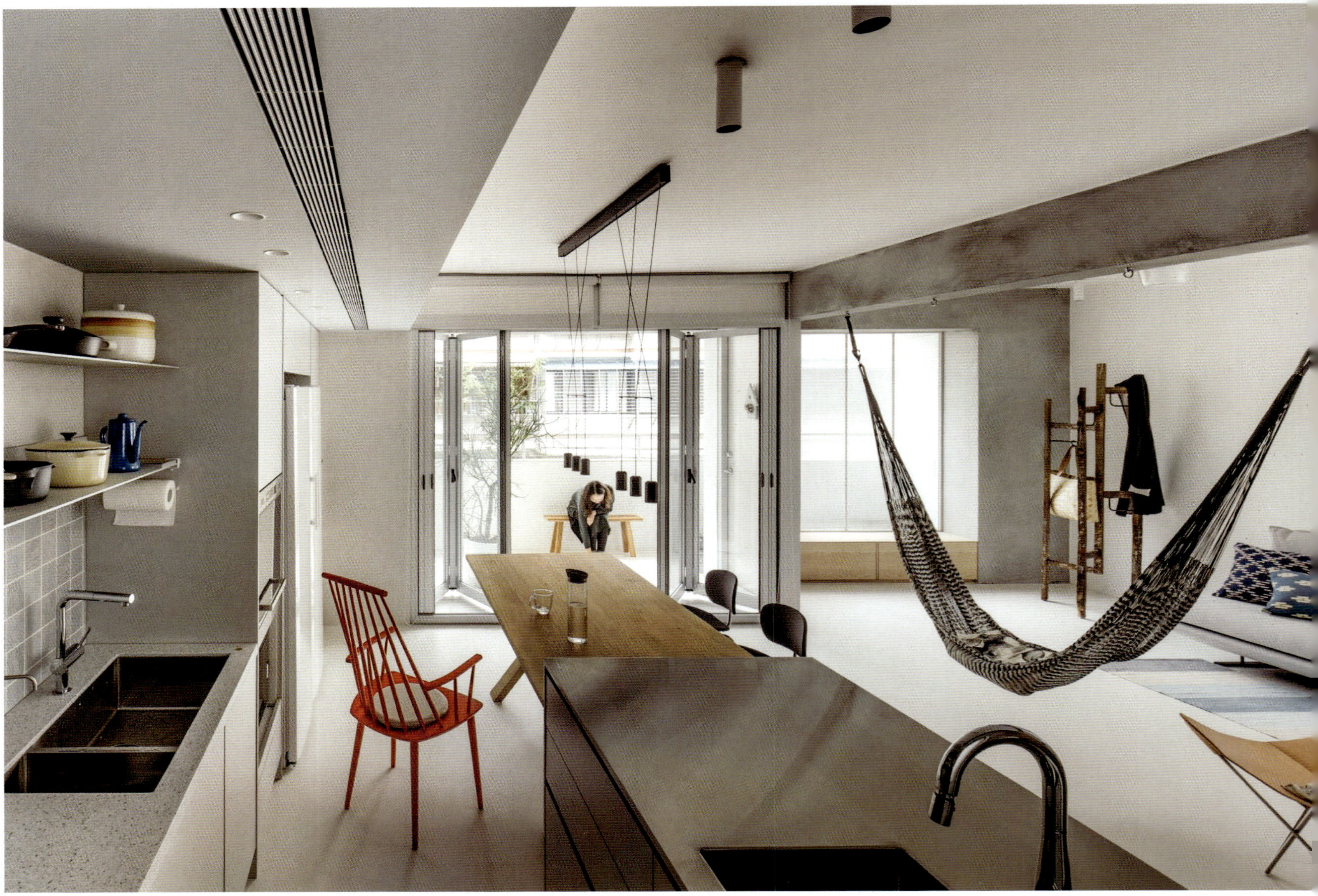

项目名称：Backinght Apartment
地址：中国台湾台北市
项目设计：2BOOKS design
主设计师： Jeff Weng
项目面积：104 ㎡
摄影师：highlite images

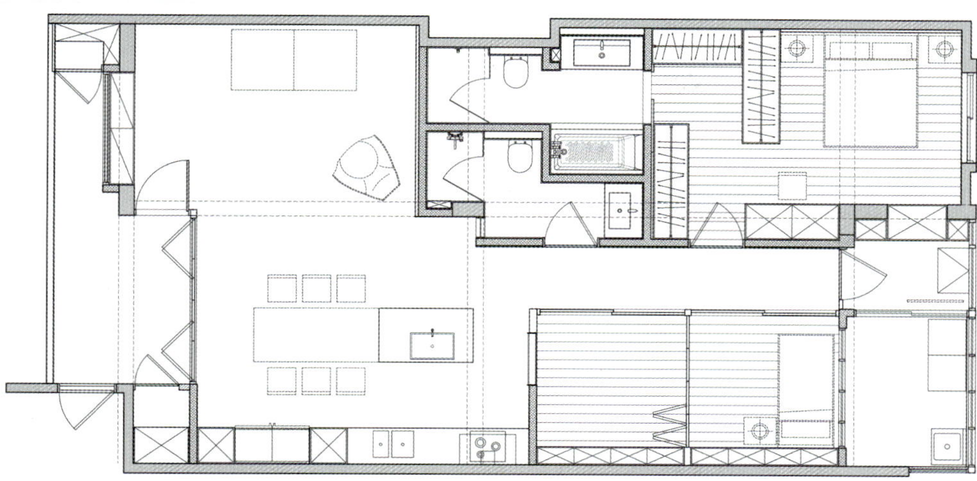

平面布置图

设计说明

该项目是台湾非常典型的公寓设计，客户希望能够解决内部空间的照明问题，同时为儿童玩具、绘本和大多数野营设备提供足够的存储空间。

在这方面，我们尝试使用较小的隔墙来划分空间，使空间更加宽敞开放，并将墙壁空间用作储物柜，而不影响采光功能。

其余所有建筑材料的选择均以混凝土作为参照。立面的延伸部分是米色，内部由灰色的橡木制成。 两者都为混凝土的光滑质感提供了必要的对比，增加了暖度和画面丰富感。

色彩/搭配

在整体灰色调的空间中，蓝白条纹的地毯和几何图案的抱枕使安静的空间彻底告别沉闷，木色的餐桌和衣物架，调和了混凝土带来的粗糙感，也丰富了空间的文理。红色餐椅独特的气质使空间具有人情味和活力，也展现出极具个性的品位。

材料/运用

随着艺术的发展和进步，室内设计领域对混凝土的美学运用变得越来越重要。本案的主要材料是从原来空间获得混凝土，设计师将它用于地板和墙壁，通过光线的漫射，质感稍显粗糙的混凝土显示出温暖、简洁的感觉。大量混凝土搭配木材和织物的运用，让空间更显温暖与开放。

TOUCH
OF THE LIGHT

设计公司：涵瑜设计

简约式静谧私宅

浅灰色的毛绒地毯穿插着长度不规则的蓝色纱线，不失灵动与活泼，呼应沙发上绣有简约线条的棉麻靠枕，搭在沙发边缘的小盖毯在清爽的色彩下亦能营造出温馨的质感。卧室的床品运用原生态的扎染工艺，浸染出静谧、舒适的花纹图案，纯棉的亲肤面料更是把人带进了温柔的梦乡之中。

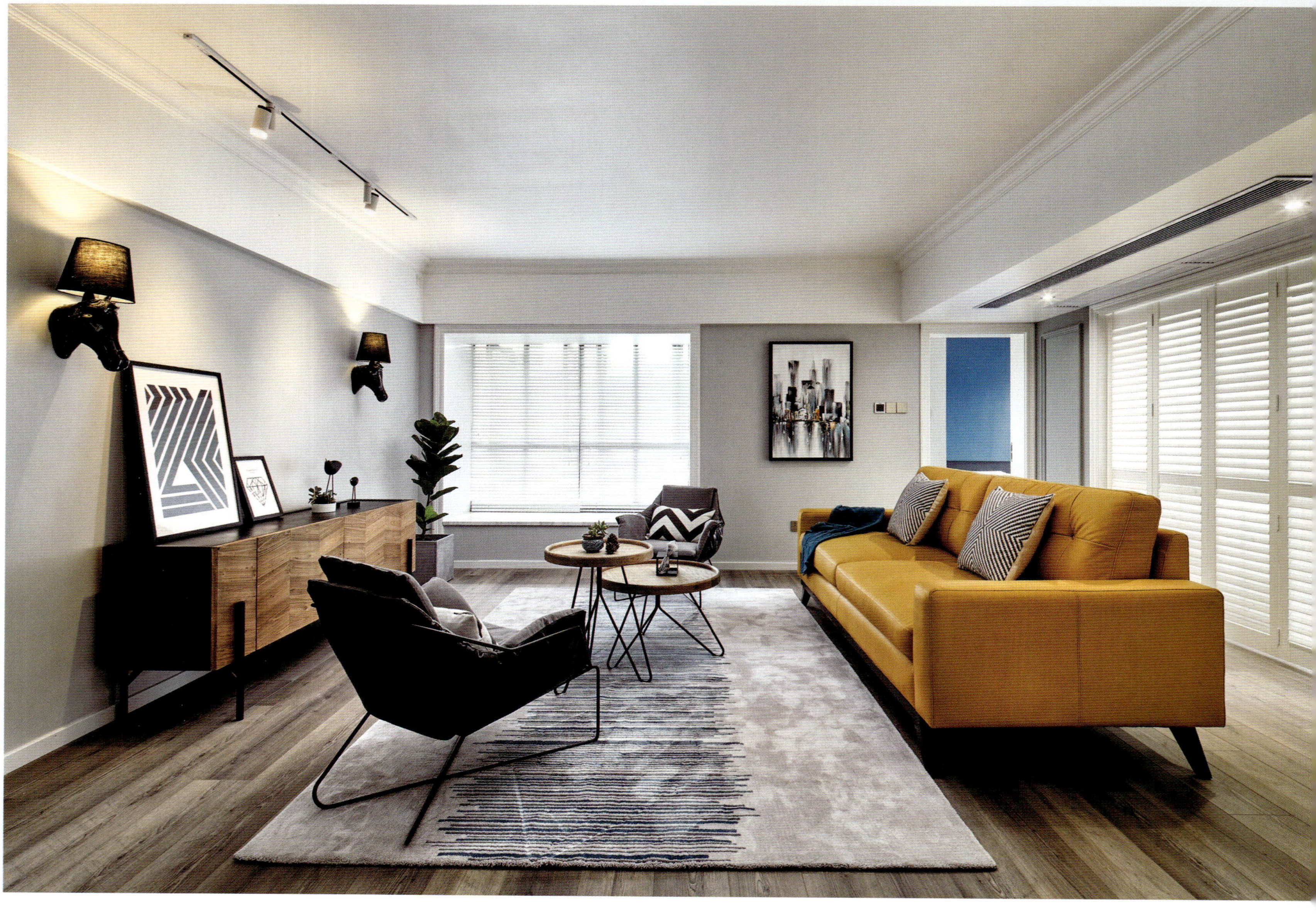

项目名称：悦己
地址：广东省深圳市万科第五园
室内设计：涵瑜设计团队
项目面积：116 ㎡
摄影师：艾荣

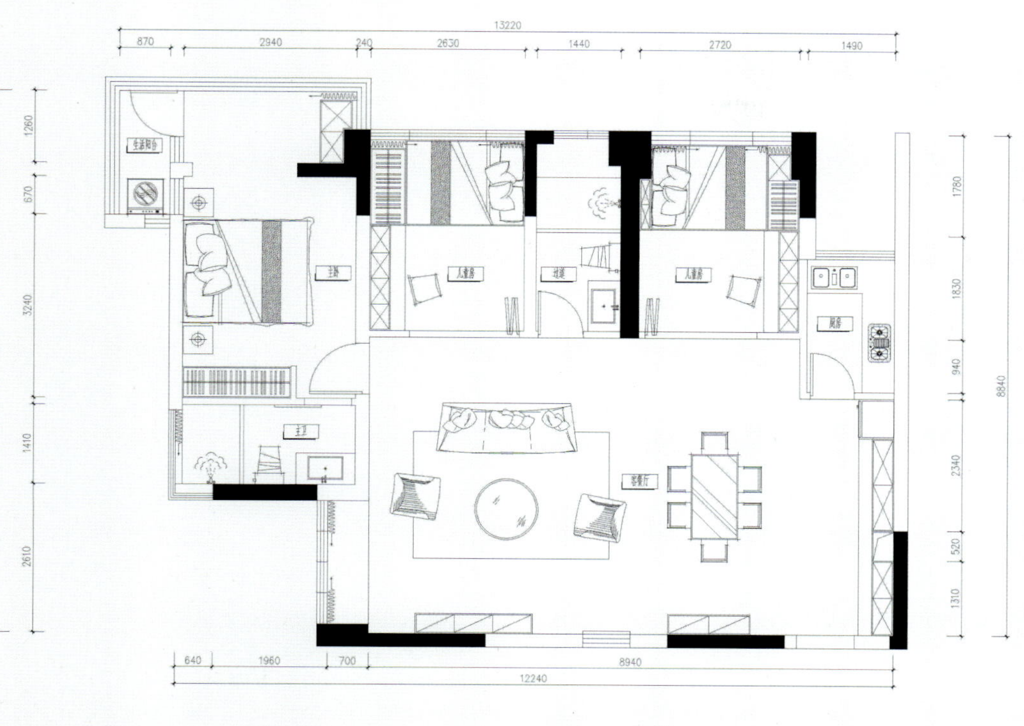

平面布置图

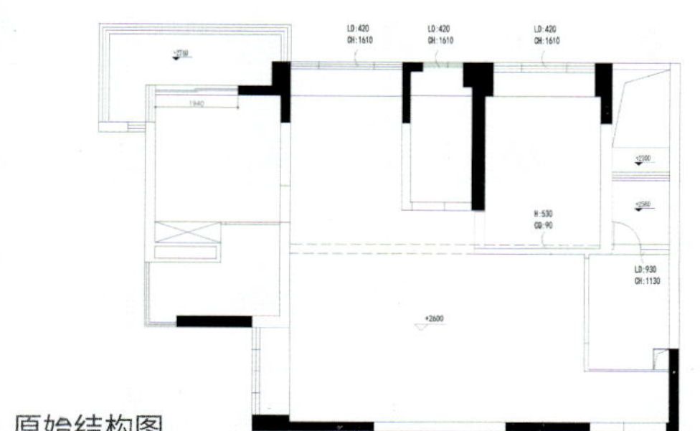

原始结构图

空间/规划

客厅采用开放式布局，儿童房和书房都采用折叠门，打开之后空间非常宽敞，整个家都是孩子的活动区域，整个空间都是孩子的乐园。原来的儿童房空间较小，且飘窗上方梁非常低，设计师巧妙利用飘窗设计了一个榻榻米，为宝宝争取了一个更大的活动空间。

设计说明

爱情，不只有激情的轰轰烈烈和非卿不娶的海誓山盟，还有相濡以沫的陪伴，更有牵手到老的约定。相爱容易相守难，能够拉起彼此的手，共同构建一个幸福、温馨的家园，这才是爱情最真实的样子。本案的主人公是一对非常时尚且恩爱的小夫妻，他们追求悦己的生活理念。追求高体验的生活品质，乐于享受，充满了对自由自然、自主独立的追求，个性张扬，品位突出。

设计师以时尚、绚丽的手法，将流行的装饰元素与现代主义设计理念融合在一起，充分诠释幸福与浪漫的双重韵味。

自然/采光

本案的飘窗和一个正对沙发的小窗户为客厅带来了良好的光线环境，然而距离窗户较远的餐厨区采光条件却有些不尽如人意，因此设计师打通了儿童房和客厅之间的墙壁，采用百叶门的设计，让公共区域引入儿童房的阳光，使得家人交流的空间变得明亮温暖，同时也保证了儿童房的空气流通。

色彩搭配

主卧中有着良好的采光环境，所以设计师将采光条件最好的那一面墙设计为蓝色，搭配一旁的纯白衣柜，让人感受到蓝天白云的平静与放松，加之窗外的绿荫美景,创造出和谐、舒适的休息空间。客厅的黄色沙发，采用不同的空间借景手法与主卧的蓝色墙面完美契合。

主要材料：水泥砖乳胶漆、硬包、水泥砖、艺术漆

主设计师：肖军

在恬静空间里玩转几何

墙面的装饰挂画均以几何图形表现，其迷人之处在于简单的线条和变化却充满别样美感的色块。餐厅的长形吊灯与背后的装饰图案不谋而合，卧室的圆与方形亦为素净的空间增添几分俏皮，彩色的设计又可以加深室内的风格印象，让家变得独特而又充满幻变魅力。

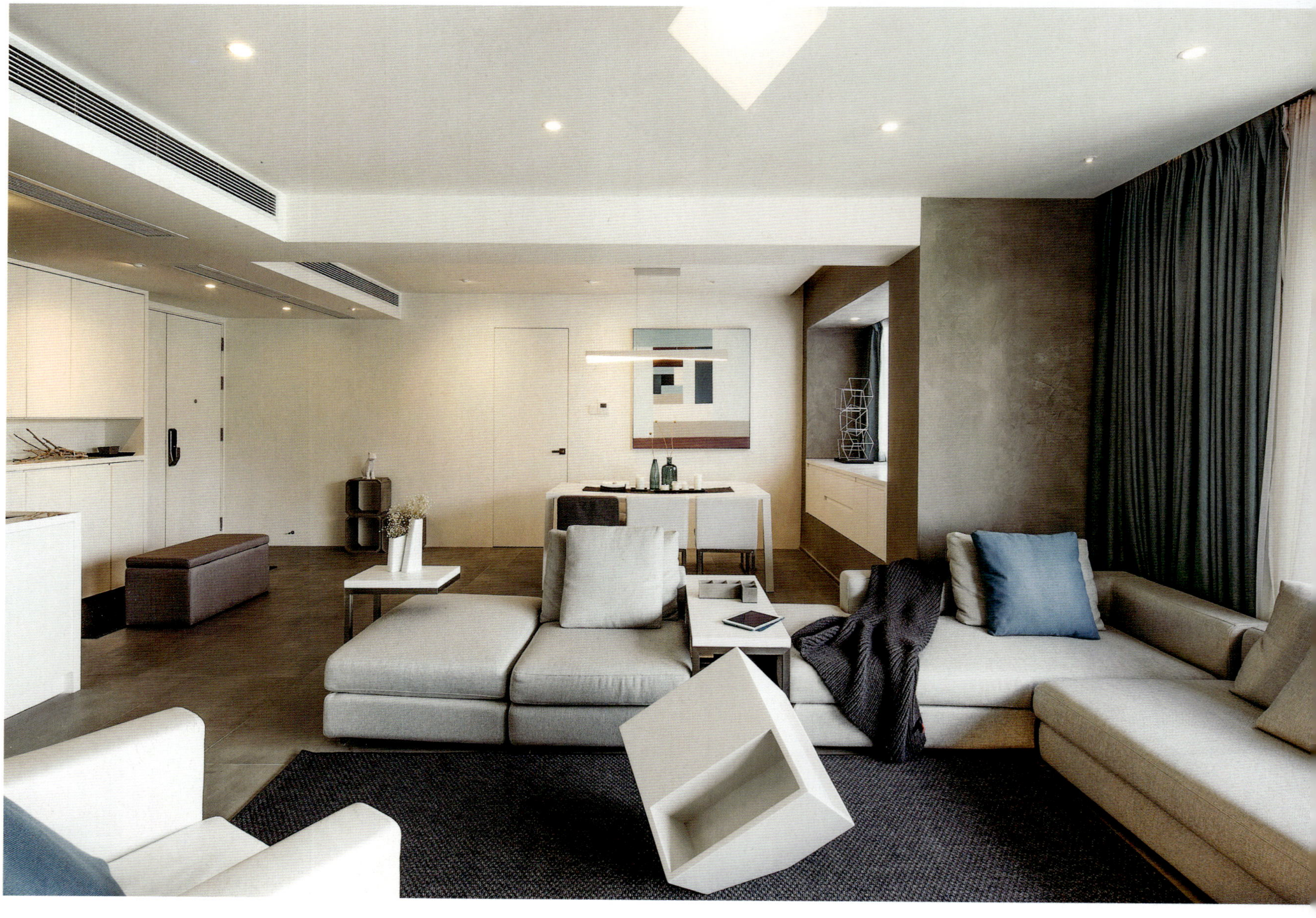

项目名称：生活几何

地址：广东省深圳市

室内设计：深圳漾空间设计有限公司

主设计师：肖军

项目面积：170 m²

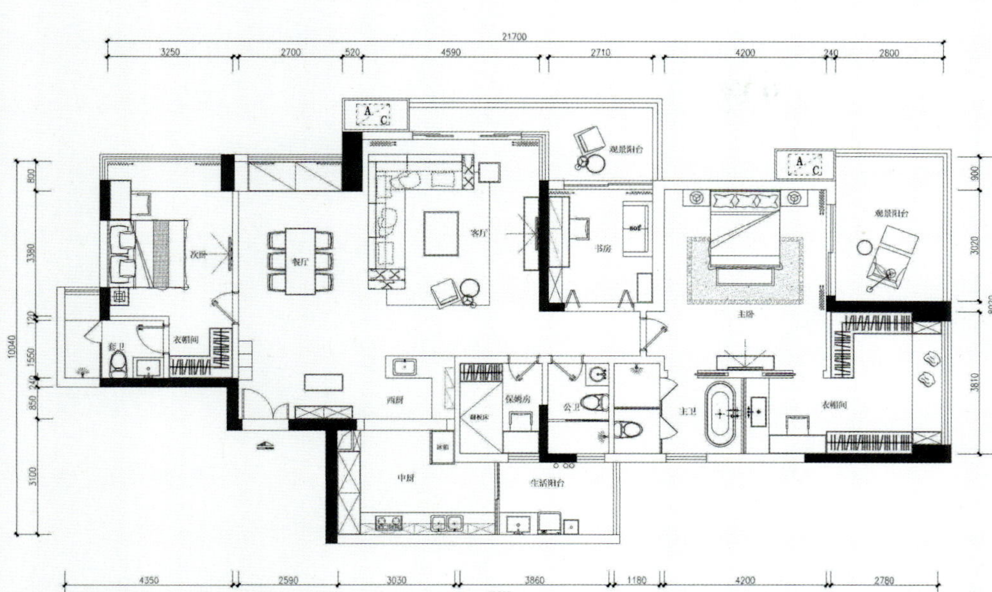

平面布置图

原始结构图

客厅以简洁的黑、白、灰为主色调，穿插其中的青灰色为空间亮色，在黑白中透露一丝小俏皮，无比清新。地面与顶棚用白色与灰色进行了明显的色块区分，层次感十分强烈。餐厅区域的挂画选择与主题呼应的几何色块，精心搭配的颜色，显得十分轻盈，又流露出深邃的气质。墙面大面积使用亚光白色，似乎冬日中那纯洁的雪。空间去掉了门的概念，采用简洁的隐形门，彰显极简风格的朴素之美。深色块的应用来区分功能区域，几何形体穿插来呼应主题。尤其是天花上的几何台灯和地毯上的几何座椅，遥遥相望，相互辉映。

家具搭配

整个空间运用几何形体穿插来呼应主题，客厅顶棚上的几何台灯和地毯上的几何座椅，遥遥相望，相互辉映。餐桌餐椅采用简单的几何构架，在冷冷的白灰色调子下，深青色迈开了脚步，翩翩凌舞，所到之处无不点缀着别样精致的回味。主卧去掉了冗杂的华丽，立体构成的挂画，配合简单的几何柜体，自然成景，无需修饰，用简单的东西表达最真实的一面。

设计说明

生活犹如一张白纸，当它遇上水泥灰的原态，创造出无限的遐想空间。贯穿主线的深青，抒写着沉稳、大气的生活态度；嵌入的明丽色彩，透露着对品质与自我的追求。

点，标记生活中一个个精彩的瞬间；线，描绘人生旅途中迈过的条条轨迹；面，承载梦想起航与腾飞的广阔胸怀。跳跃的点、流畅的线、延伸的面，在吊灯、摆柜等的几何体造型上交相呼应，在壁画的烘衬、装饰的点缀中相得益彰，空间的造型感与立体感即刻突显，体现着对前沿与时尚的不羁。

奇妙的几何体，直线长短不一，平面形状各异，当点、线、面完美融合，艺术与生活的本质如出一辙。生活有五彩缤纷的热情，亦有灰白纯色的淡然，有直线般的通达，亦有拐点、转角的周折辗转，但褪去浮华，回归的，正是心底最纯粹的本真。

业主是一名 90 后海归，他年纪轻轻便已收获了许多财富。但忙碌的生活让他感到迷失，看尽了繁华荣誉，他渐渐明白生活的诉求，想要的只是简单与纯粹。设计师从本质出发，从初心出发，去挖掘一切源于生活的简单和纯真。

空间规划

主卧室变大并增加功能区域，使其紧靠阳台。洗漱区域独立，洗手台盆与衣帽间区域连成一体，十分和谐，同时与浴缸区域独立分区。空间连通但又相互独立，整体上贯穿了简洁的主题，而且十分得体。书房在冷冷的白灰调子下，斑驳陆离的颜色渲染开，席卷整个空间，业主可以在这片缤纷的世界中，感受自己脉搏的跳动和倾泻汹涌的灵感。

设计说明

客厅墙面用水泥的灰色为基底，配合几何形的灯具、茶几及配饰，完成空间的大构架，看上去豁然开朗，视觉冲击力很强，让人们烦躁的心得到了安宁。空间去掉了门的概念，采用简洁的隐形门，彰显极简风格的朴素之美。深色块的应用来区分功能区域，餐厅长条形的灯具屹立在半空，与挂画相互交叉，相互容纳来自不同世界的美。

工作间，是独属于一人的天地，冷调下的斑斓绚丽是内心真实的表达。在工作之余，拿起画笔勾勒一组几何石膏体，是释放内心压力的绝好方式。

设计师认为，卧室只需要简洁舒适，点缀一点色彩，让空间有温度即可。让整个人都沉浸在温暖而简洁的空间里，每一个夜晚都有美梦的陪伴。每一天清晨醒来，阳光恰好照着你微微扬起的笑容。

在厨房洁白的空间里，湖蓝色的餐桌布点亮了整片空间，祥和而动人。 这片完全敞开的西厨区给生活添加了很多乐趣。在这里主人可以直接与朋友进行互动，无论是喝一杯咖啡还是开一瓶红酒，只要彼此坦诚相待，友谊与生活便如此简单、如此真诚。

主要材料：水泥砖、科定板、乳胶漆、壁纸

主设计师：刘洋

温馨慵懒的北欧小宅

布艺的搭配是空间的软化剂，羊毛地毯和盖毯亲肤柔和，具有良好的吸音效果，有利于保持居室安静的环境。同时在靠枕、盖毯和地毯的图案中加入尼泊尔的民族元素，其用色丰富却不过于高调，具有独特的风情，让家居环境显得生机勃勃。

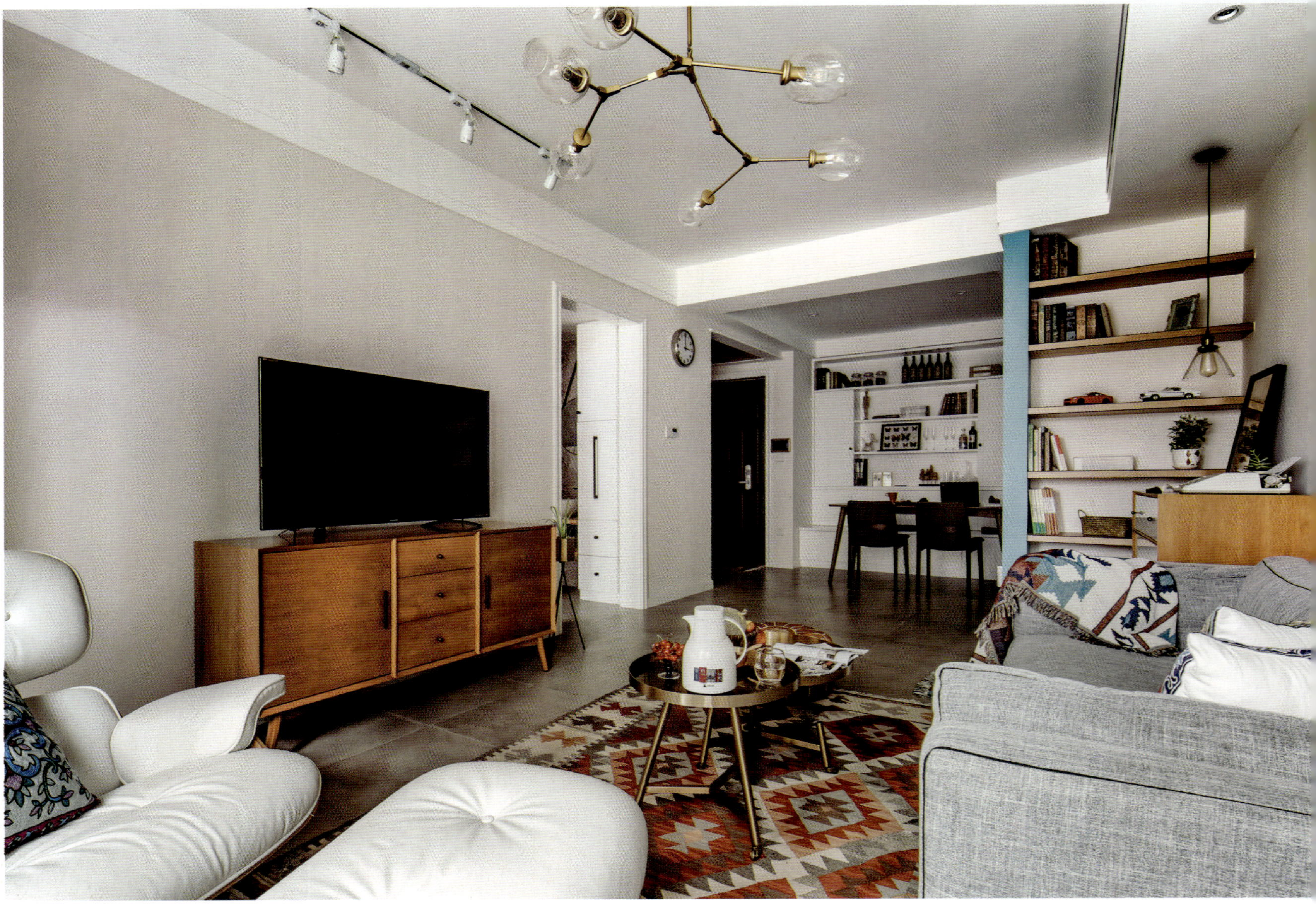

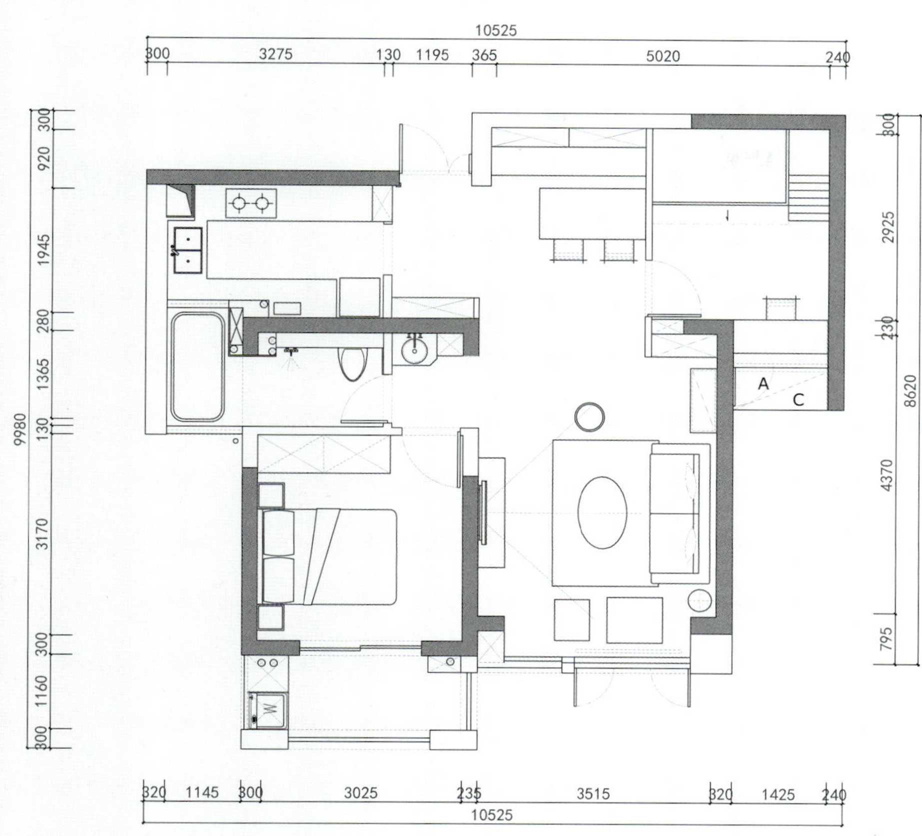

平面布置图

项目名称：光年
地址：湖北省武汉市武昌区百瑞景
设计公司：武汉思所设计事务所
主设计师：刘洋
项目面积：91 ㎡
摄影师：陈铭

厨房配套的小阳台，会影响厨房橱柜的布局，实际上只能放一个洗衣机，但是这里几乎晒不到太阳，于是就尝试把阳台和卫生间打通，单独做了一个浴缸区域。儿童房中，设计师量身定制的双人床设计合理，还可以根据不同需求将下铺拉开变成一个双人床。

设计说明

本案是一个很常见的全南两房户型，户型的功能区分上基本不用做太大的改动，在一些位置还有优化的空间。客厅的空间偏小，在实际测量中设计师发现客厅的飘窗是可以拆除的，空调机位处是一截30cm的承重墙，于是将整个飘窗和空调机位拆除，用中央空调解决机位不够的问题，采用科定板对称包住余下的外墙承重结构，客厅自然多了一组单人沙发的宽度。因为是一个标准的两房，业主希望有个高低床，但是高低床靠墙后，衣柜就很尴尬了，于是设计师现场设计了高低床，将踏步控制在一个合理的范围内，在踏步下做进去了衣柜，而下铺就是一个抽屉形式的床，宽度可以从1.2m变成1.5m。

设计师想尝试一种不一样的北欧风格，传统的北欧风格由经典的木制家具、简单的白墙组成，穿插着一些棉制品，简练明快，但是少了很多“可以有”的生活趣味，经过多次构思后，设计师采用了现代元素（水泥砖、科定板、筒灯）和复古元素（黄铜茶几、民族风地毯、抱枕、中古北欧柜子），结合着跳跃的色彩完成了这套文艺复古气质的作品。

nium

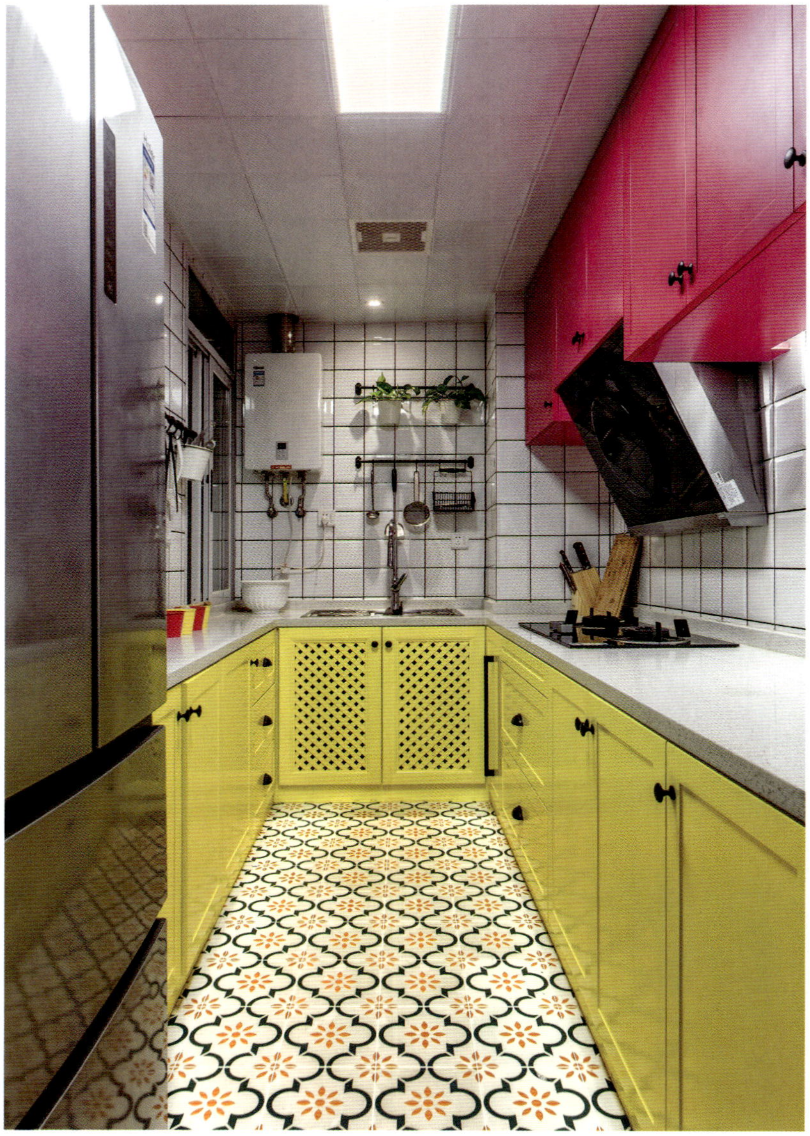

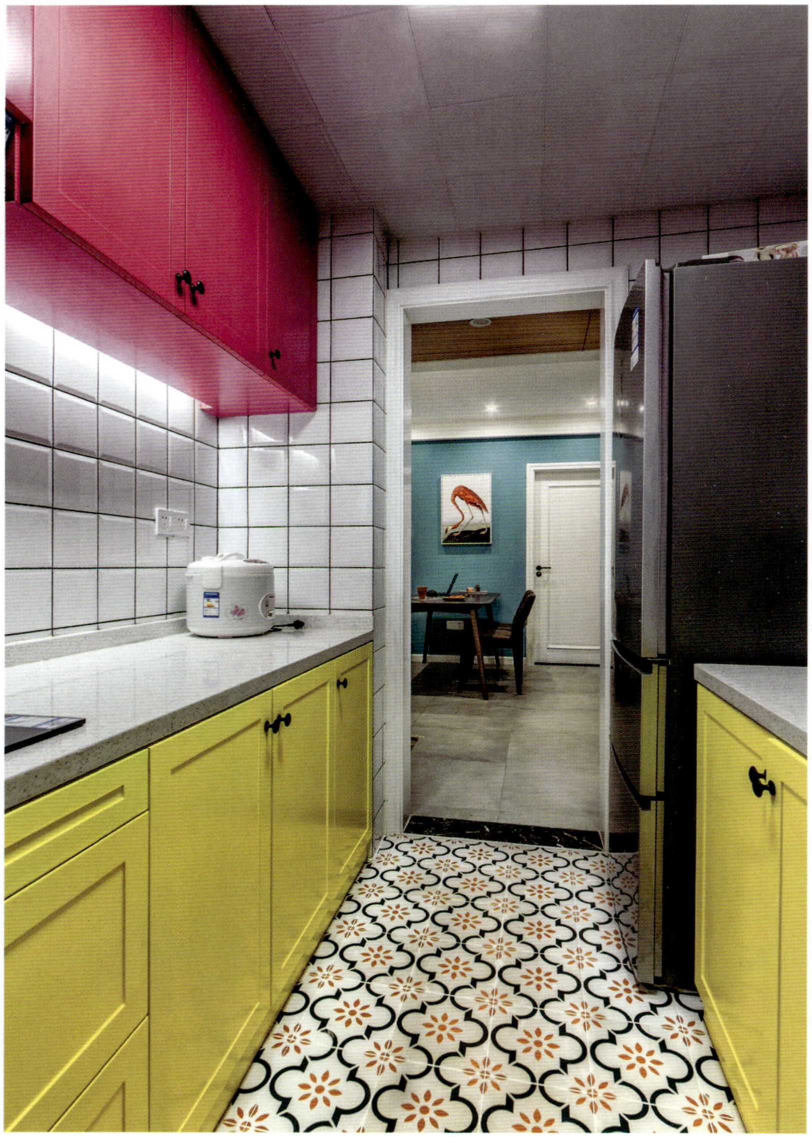

色彩/搭配

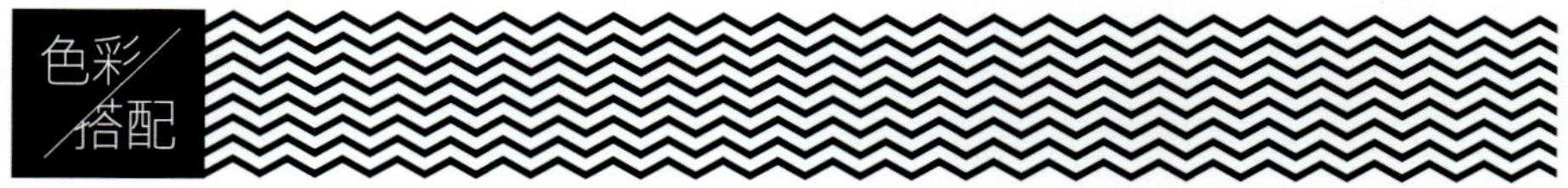

深色的水泥砖使空间氛围变得沉稳，儿童房入口的墙面选择了跳出灰白空间的蓝色，展现出自由、随心的生活乐趣。厨房的采光条件并不好，因此选了高明度的玫红和明黄的橱柜，点亮纯粹的空间，也让人在做饭的时候心情大好。

主要材料：云多拉灰大理石、爵士白大理石、调色护墙板

主设计师：刘洋

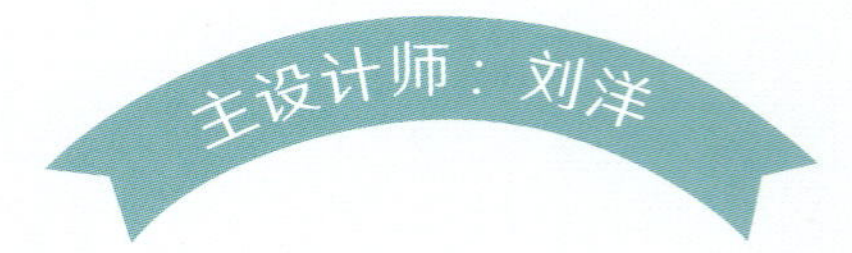

乐享优雅的纯净生活

磨毛靠枕表面的短绒毛温暖、舒适，灰调的颜色呼应空间色彩，再搭配一张小盖毯，令秋冬季节充满暖意。灰墙配裸色半透纱帘是北欧风格中简约、舒适的经典组合，餐厅纯白色的纱帘轻薄、通透，垂下的自然褶皱营造灵动的线条感，令空间显得仙气十足。

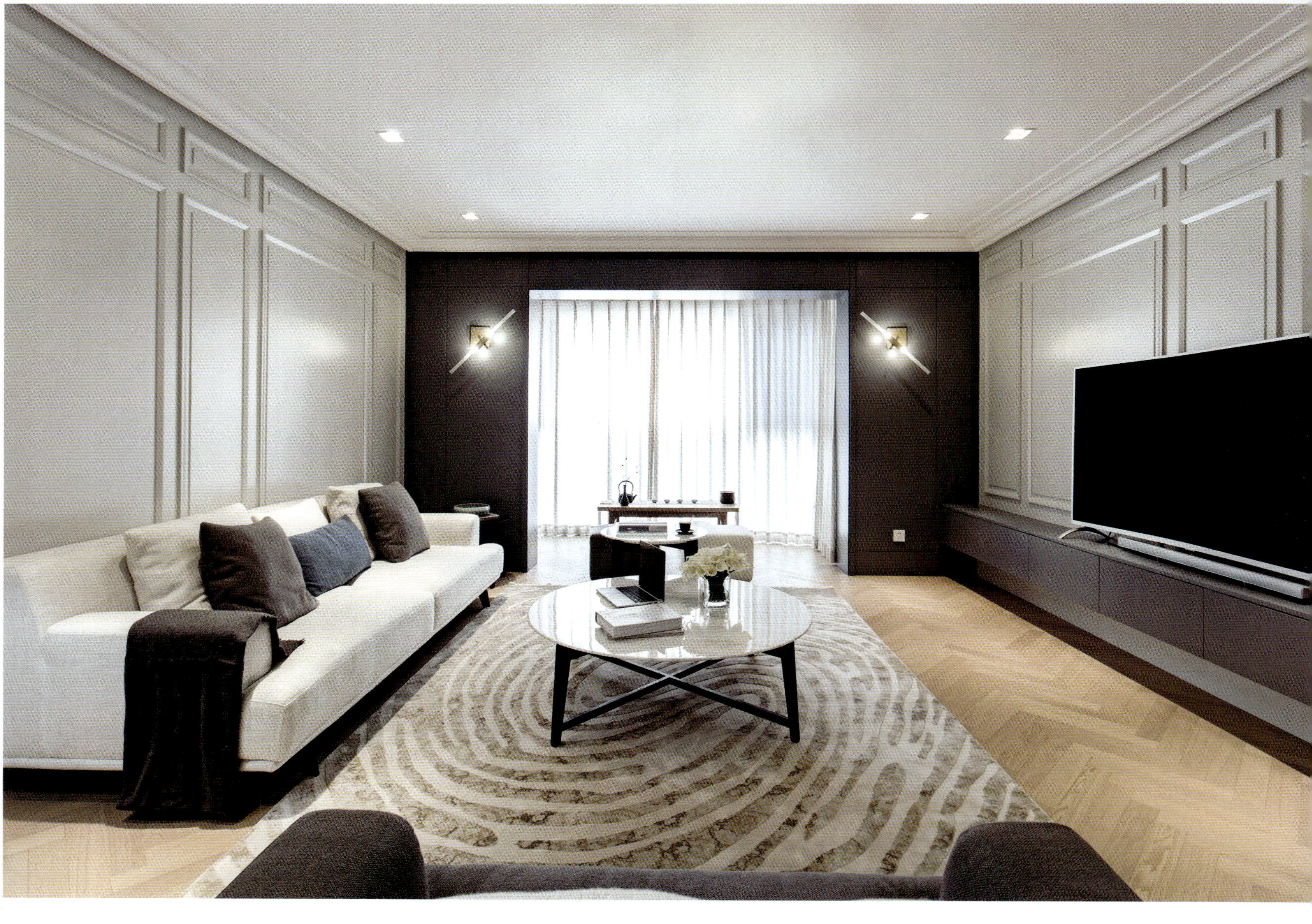

项目名称：温州国际华城
地址：浙江省温州市
设计公司：温州澍一空间设计
主设计师：杨洋
项目面积：150 m²
摄影师：阿龙

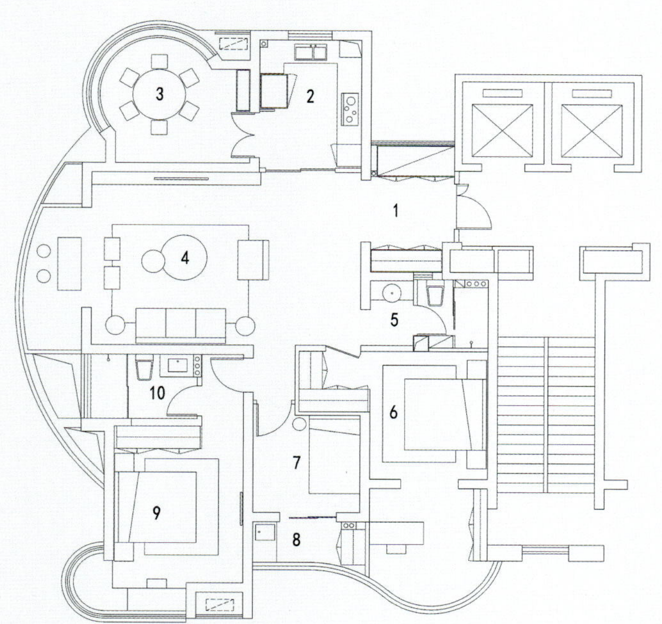

1. 入口
2. 厨房
3. 餐厅
4. 客厅
5. 卫生间
6. 父母房
7. 次卧
8. 阳台
9. 主卧
10. 卫生间

平面布置图

设计说明

喧嚣尘世，越来越现代、便捷的居住生活，其实也代表了生活情趣和养心方式的逐步消亡。我们希望让业主居住坐卧时，心灵与肉体处在自得无碍的状态。在属于业主的独立空间，可安静地释放城市生活带来的烦闷。精致中带几分优雅，宁静中又透着一份质感。本案的业主是一对追求高品质生活的夫妻，他们不仅希望澍一空间设计能够满足他们在家庭功能方面的使用需求，同时也希望设计师能营造一个放松舒适的场所。从他们独有的性格特征和生活习惯入手，以心出发，为他们打造出这样一个富有品质意趣和安抚静怡的空间，在空间中为每个家庭成员都找到自己心灵沉淀之地，在享受居住的欢愉中，让家里的每一处都是优雅恬静而放松的。

材料运用

客厅中橡木地板与地毯，交织出细腻与质感。这里的每一件家饰似乎都有着必须存在的意义，木质护墙板既优雅又极简，给有限的空间带来无限的美感。白色大理石的茶几简约、利落，不失现代的设计感，搭配布艺沙发，刚柔并济，共同赋予了生活最性感的意义。

色彩/搭配

整体空间以灰白色为基底，不论是墙面还是家具的选择，都让这里看起来犹如灰白胶片般地被定格了美丽。餐厅装饰画点亮了空间中的用餐氛围。卧室中天蓝色窗帘点亮了深灰色床头背景墙所带来的沉重，让人可以彻底放松，宁静地进入梦乡。

主要材料：木皮、文化石、灰镜、组合柜

设计公司：大秝空间

小空间里的幸福时光

小户型里的家具相对地尺寸也小巧一些，客厅的精致小圆桌简约、清爽，在小圆桌上摆一盆花、搁一本书都是不错的选择。看似随意丢在地上的懒人沙发以编织花纹的南瓜造型出现，誓将慵懒进行到底。经典的温莎椅不断被设计师开发、探索，被漆上不同色彩的温莎餐椅，兼具实用和美观的性能，也为空间饰以丰富的表情。

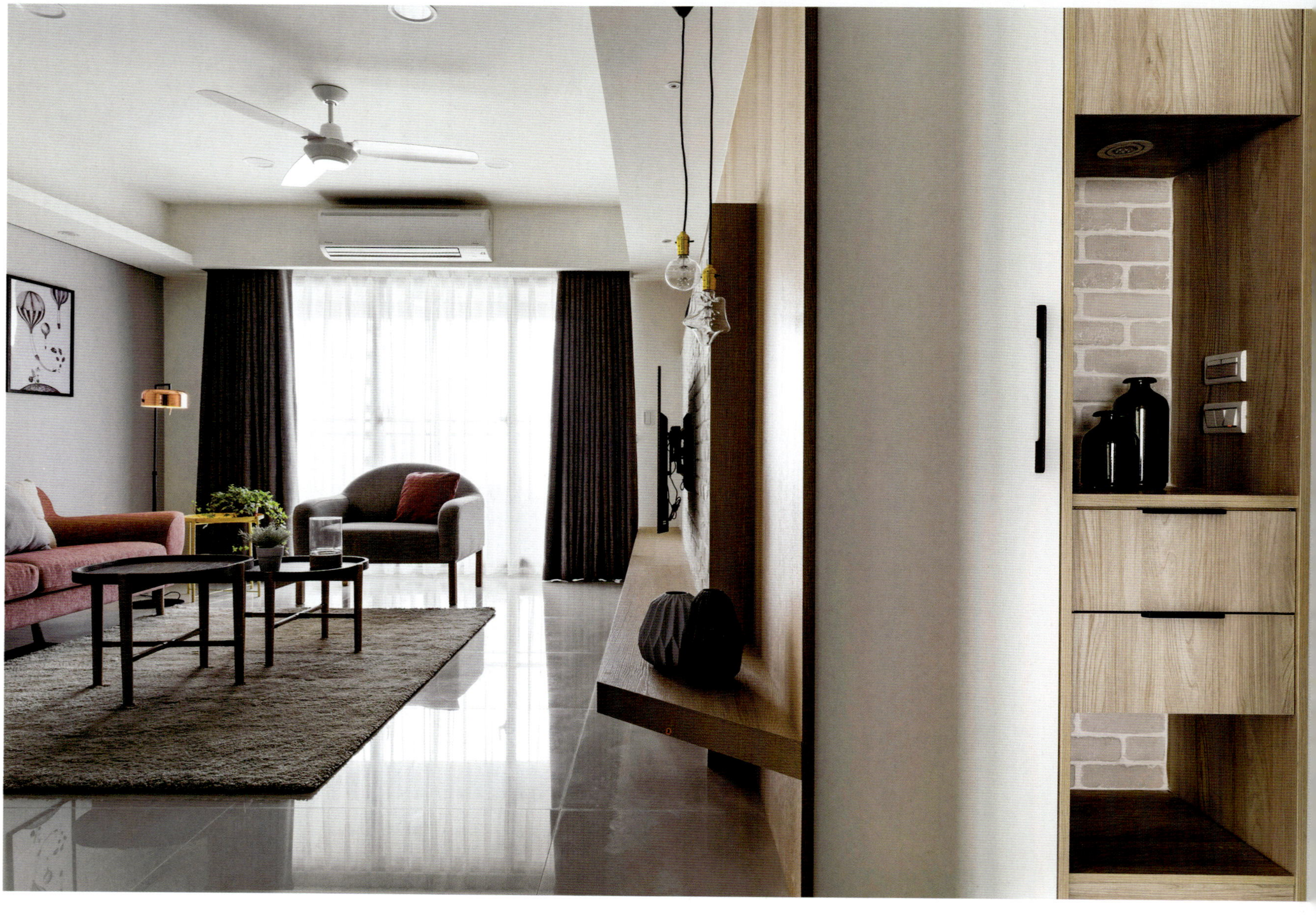

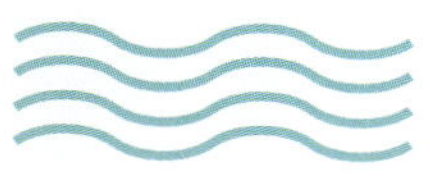

项目名称：L HOUSE
地址：中国台湾台中市
设计公司：大秝空间设计
主设计师：刘映辰、蔡显恭
项目面积：98.8 ㎡
摄影师：锺威至

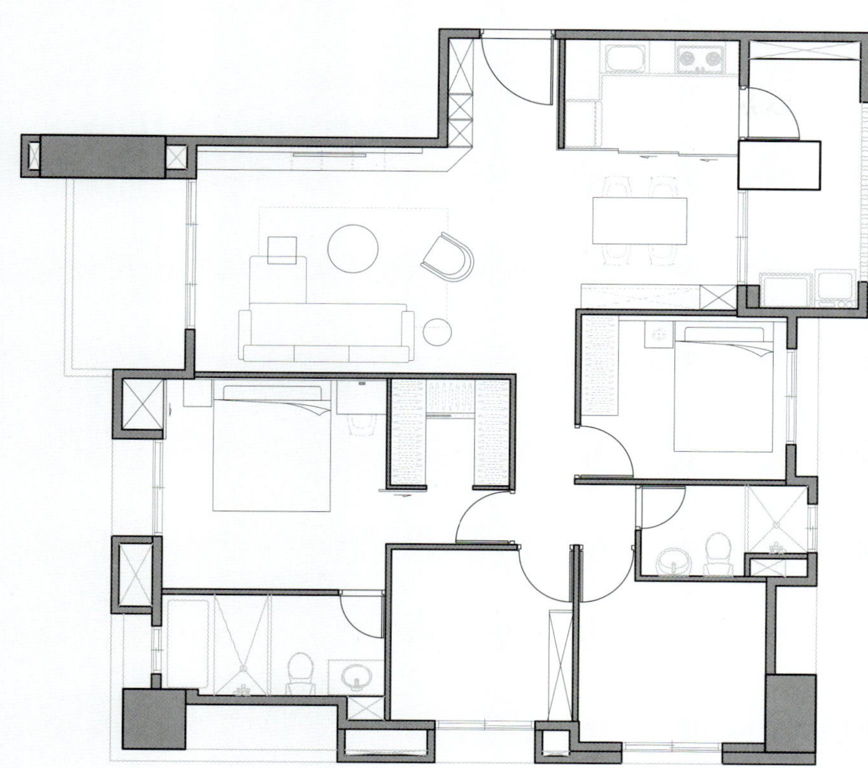

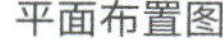

平面布置图

在以白色为主调的公共空间里，布艺长沙发选择了饱和度较低的粉色，显得浪漫而温馨。沙发下的灰色地毯与同色调单人沙发呼应，为空间带来沉静而稳重的气息。黄色的铁艺植物架搭配清新的绿植，成为沙发边最好的空间点缀。大面积的墙面是灰色系，让空间调性更加温和。书房则选了男主人喜欢的蓝色作为背景色。餐厅使用素雅的配色，浅蓝餐椅和桌上黄色花束，给空间注入一丝活力与清爽。

材料运用

在客厅的材质运用上，设计师选择了亚麻质感的布艺沙发，搭配柔软的羊毛地毯，表现出柔软而温暖的空间氛围。电视背景墙选用木皮和文化石，材质自然的纹理丰富了空间质感。餐厅和厨房之间，大幅玻璃拉门既通透，又起到隔断的作用，还可以从视觉上扩大面积。

设计说明

根据业主喜爱的清新风格，以些许的木皮质感搭配白色系，家具也选择轻柔粉嫩的调性。

屋主希望厨房与餐厅有所区隔，因此配置了大面积的拉门，让厨房有如一个玻璃盒子，兼具实用及美观，让餐厅区成为另一个风景。

主要材料：实木、石材、瓷砖

主设计师：刘睿

典雅与灵动结合的舒适空间

北欧风的经典灯具在这空间里运用得淋漓尽致，客厅顶棚悬挂的枝形分子灯，其金色的枝条自然地舒展开，透明灯罩笼罩着光明的种子，随时为主人照亮生活。沙发一旁的复古黄铜落地灯，精简的线条及大理石底座极具装饰美感，餐厅的树杈吊灯线条干净硬朗、简约时尚，为就餐空间增添不少摩登气息。

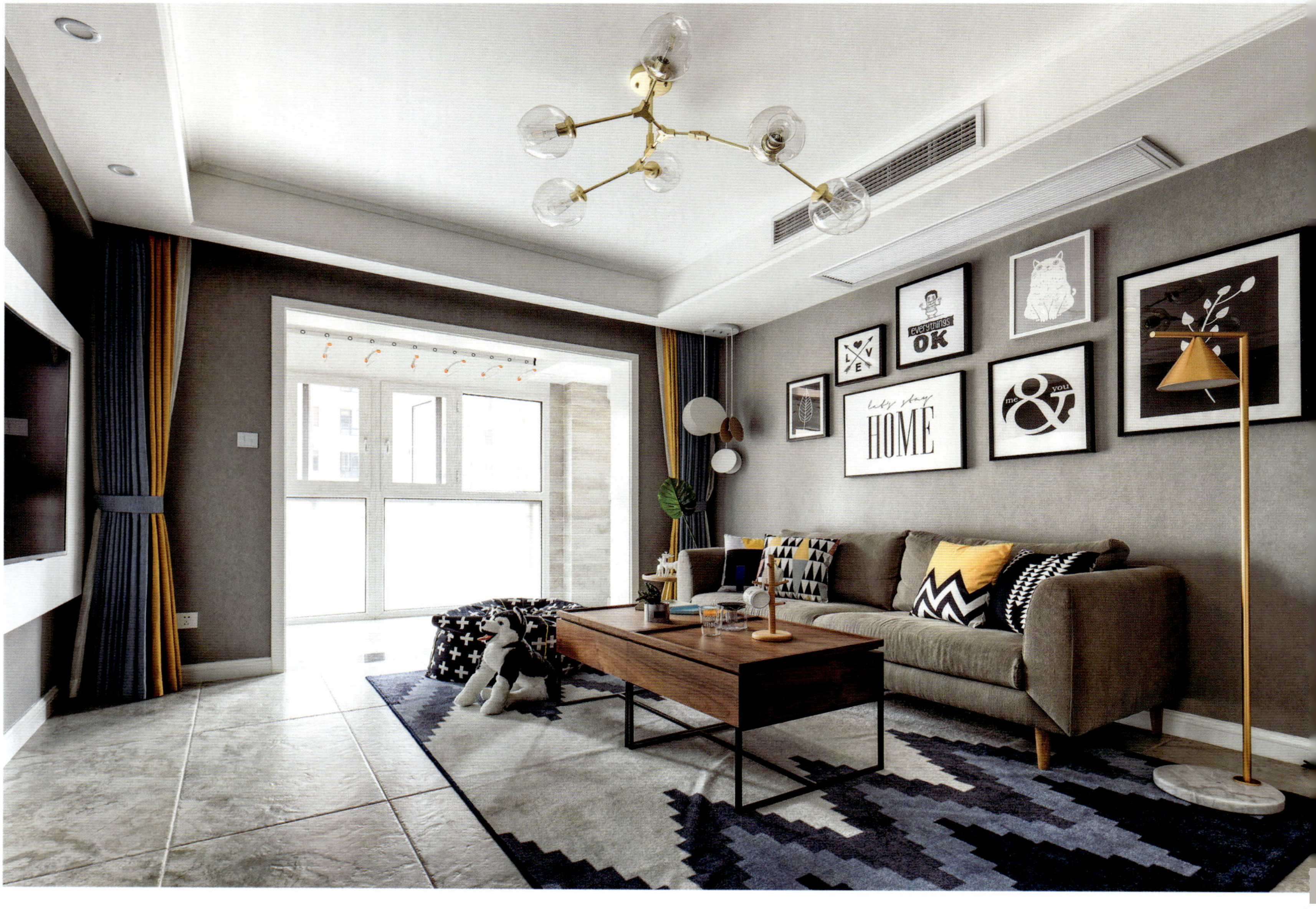

项目名称：中建开元公馆
地址：湖北省武汉市
室内设计：青流设计
主设计师：刘睿
项目面积：90 m²

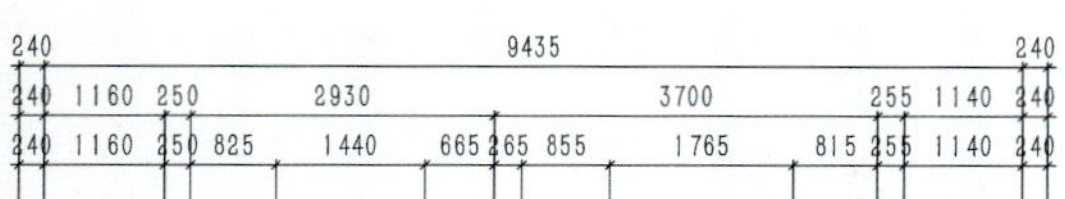

平面布置图

原本卫生间的门是正对着餐厅区域的，视觉感官并不是很好，将原本开门的地方封上后，形成了完整的墙面，放置了装饰边柜。卫生间的门开到原本厨房的空间，原本厨房的门向里推，并且将原来利用率不高的厨房外小阳台纳入厨房的空间，这样一来解决了卫生间干湿分区的问题，厨房空间变得更加规整，且橱柜的操作台面也有所增加。

设计说明

本案的业主是一对年轻的夫妻，男主人喜欢简单明快的感觉，对木质感的家具有独特的喜好，但又不喜欢中国传统木质家具的厚重感，因此从家具质感上来讲北欧风格的家具更符合男主人的喜好和审美需求。女主人是一个喜欢浪漫的女性，也喜欢简洁、明了，但又富有个性的家居环境，平常有做烘焙甜点的爱好。

二人平常工作时间较多，休息时间较少，希望家是温馨且让人放松的空间，也是二人闲暇时光的小天地。原本户型结构为小三房，各个空间都相对紧凑，储物量较少，卫生间面积较小，没有干湿分区，厨房外面的小阳台利用率不高。根据业主的需求及实际居住情况（二人世界），在征得业主同意的情况下，本案将原本的小三房改为了两房，主卧以套间的形式处理，让主卧空间显得更宽敞、通透的同时增加了 $1.8m^2$ 的储物空间。主卧具备书房的功能，主卧的床为现场制作，目的为节省空间的同时又增加储物空间。次卧预留为儿童房，更多是考虑储物、活动区域及学习空间的预留。

HOME

灯光照明

客厅灯具采用了设计感较强的分子装饰灯，电视背景墙以简单的造型让墙面有延伸感，且弱化了原本结构的梁对墙面处理的影响，并通过灯光及深色壁纸对比的设计，让整个墙面更具有层次感。卧室的树枝吊灯散发自然气息，配合树叶壁纸，完成一个清新、静谧的睡眠空间。

色彩/搭配

在整体呈现灰色调的北欧风空间中，金色落地灯和黄、蓝双色的窗帘让安静的空间彻底告别沉闷。木色的茶几柔和了文理粗犷的地面，让空间在平静与奔放中找到了一个平衡。儿童房中橙色的装饰画唤醒了空间的活力，小帐篷的色彩运用充满了童趣，表达了主人对于孩子的想象与期许。

整体的设计以简单、清新的线条为主，家具也是以之前提到的有木质感又不符合年轻人的审美的北欧家具，地面的地砖的选材在色调及样式上与主体风格统一，卫生间的干区及厨房的地面采用同样的拼花地砖，在起到装饰性的同时也让空间延伸，厨房的墙面及卫生间的墙面考虑到空间邻近且柜体样式的统一，也采用了同样规格的方形面包砖。卫生间的淋浴区单独选用了六边形的瓷砖作为墙面造型，让原本并不大的空间更有立体感。整个空间用简洁、明快的设计将现代北欧风格做了很好的诠释。

主要材料：品牌家具、瓷砖、整体木作等

主设计师：李启明

沐浴在自然色调里的北欧之家

整个空间用胡桃木色清晰勾勒线条，源于自然的泥土色彩，延续着干净、质朴的品质。裸色沙发、灰褐色的地毯，缓慢轻柔的色彩自带温暖特性及更贴近生活的舒适质感。沙发上点缀一些绿色系的靠枕，清爽气息扑面而来，突显生活的细节品质。

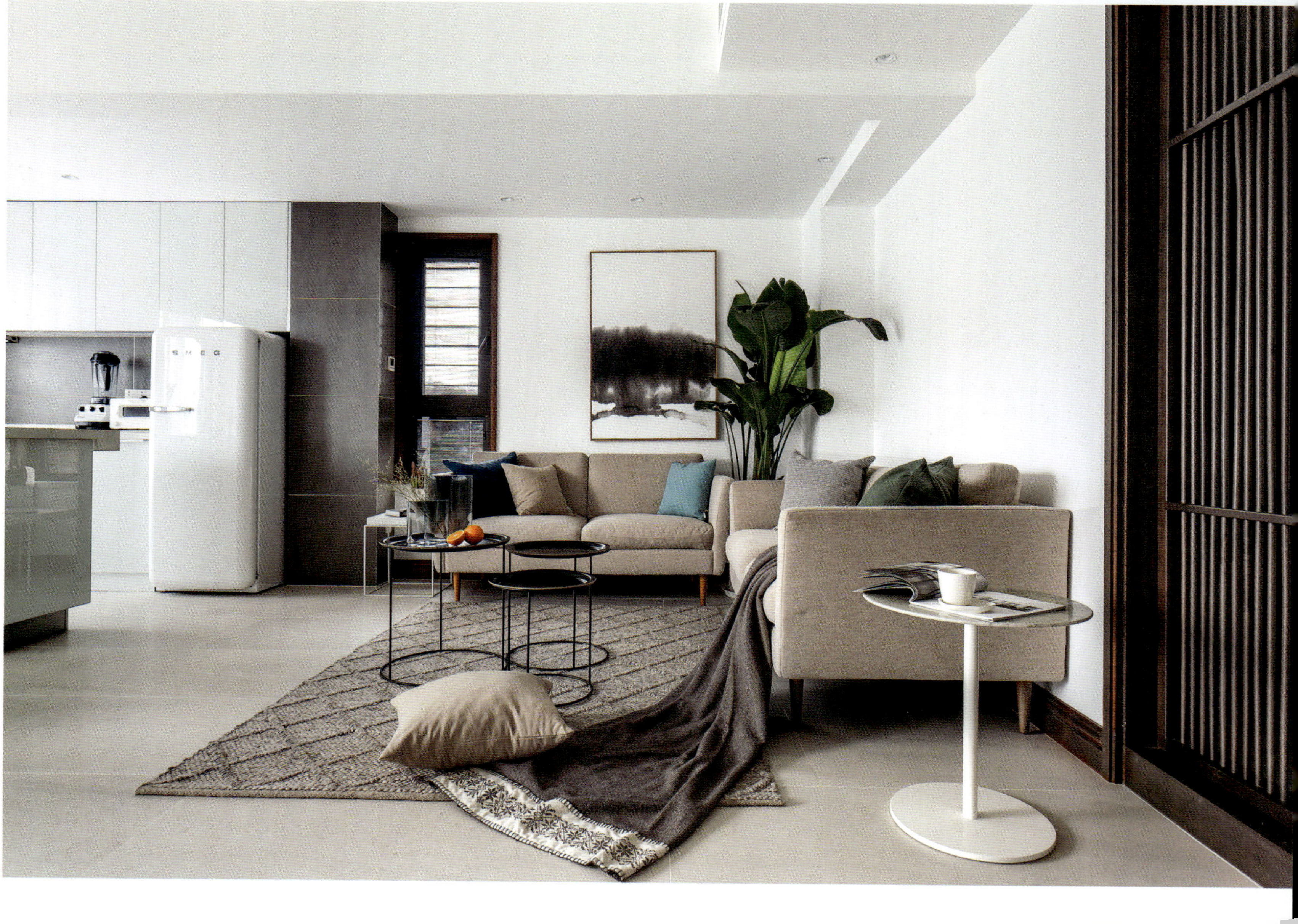

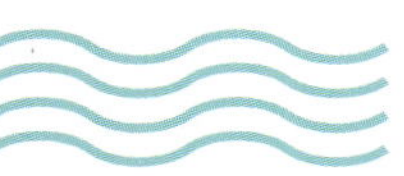

项目名称：归来

地址：南京市

设计公司：启易室内设计公司

陈设设计：戴小雪

项目面积：220 m²

摄影师：王海华

平面布置图

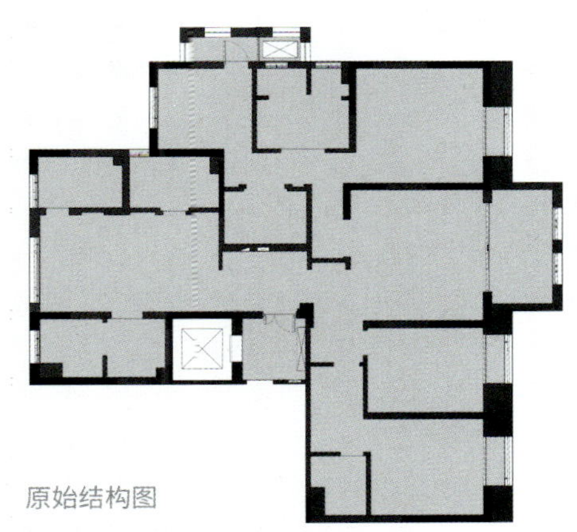

原始结构图

色彩搭配

空间主要采用木色、白色、亚麻色，打造纯净自然的生活方式，呈现自然之美。淡孔雀蓝抱枕点缀其中，既不破坏整体的恬淡、舒适，又能使空间显得更加有活力。纯白纱帘，浪漫而唯美，和客厅灰色调形成鲜明对比，如一个青春梦幻的少女和一个坚毅沉稳的男子。

自然/采光

长长的走道并不采取满铺的设计，考虑采光的同时注重收纳空间的规划。站在长廊一头的人们忍不住会向前眺望，视线一直延伸至窗外。将原本的设备间外扩，变成了一个开放式的空间，室外的采光经过漫反射全部进入整个客餐厅，客厅、餐厅、西厨，开阔而明朗。

设计说明

我们抱怨这个社会太现实，却不知不觉也变得现实；我们看透人心，却也把自己包裹得冷漠麻木；我们看不起那些为达目的不择手段的人，但为了自己的理想和目标，也能违背内心。也许生活并不能如我们所愿，我们希望无论在这个社会中摸爬滚打多少年，某一天当我们回头看看自己的时候，没有变成自己讨厌的样子。人生的路走到最后，不是看我们拥有多少财富，历经沧桑后只改容颜不改初心才最珍贵。亦如这套案子的主人，历尽千帆，归来仍是少年。

喧嚣都市中的简约设计，即使简单的线条也能自由随性地搭配出设计感。整个空间铺装的浅色瓷砖不仅与整体的基调协调，而且也让整个空间更为舒适和贴近自然。虽然整个家的设计淡然、简约，但业主对用材却极尽考究，对品质生活充满了追求，同时也让生活回归了淳朴初心。也愿你，出走半生，归来仍是少年。

空间/规划

走廊的另一端原本是客厅，但设计师却将这里改成了活动室。现代人沉溺于手机、电脑中，忽略了陪伴的意义。设计师特意将此开阔的空间改造，供小朋友玩耍，靠墙摆放的长椅方便业主在淡淡的旧时情怀中办公、阅读、而不受干扰，同时还能随时注意小朋友的情况。

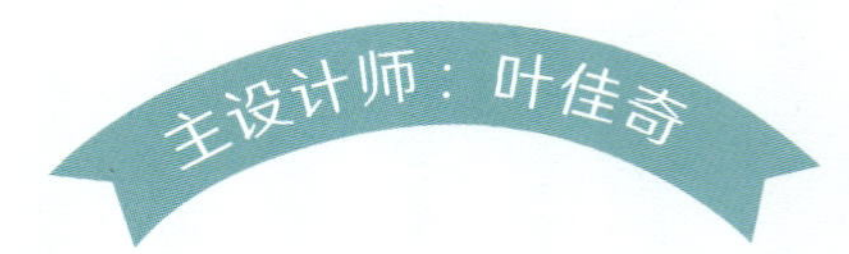

主要材料：木皮、人造石材、镜类、特殊涂料、铁件烤漆

主设计师：叶佳奇

清新日光宅

素净的白墙前摆放几何切面造型的水泥花盆，与植物形成鲜明对比，显得格外清新、别致。栽种上凤尾竹，微风袭来植物摇曳摆动，衬托出灵气、清新居室环境。卧室外的花槽也有整齐排列的小盆栽，小盆栽齐刷刷地摆放着像一个个看家的小士兵，守护着主人的日常。

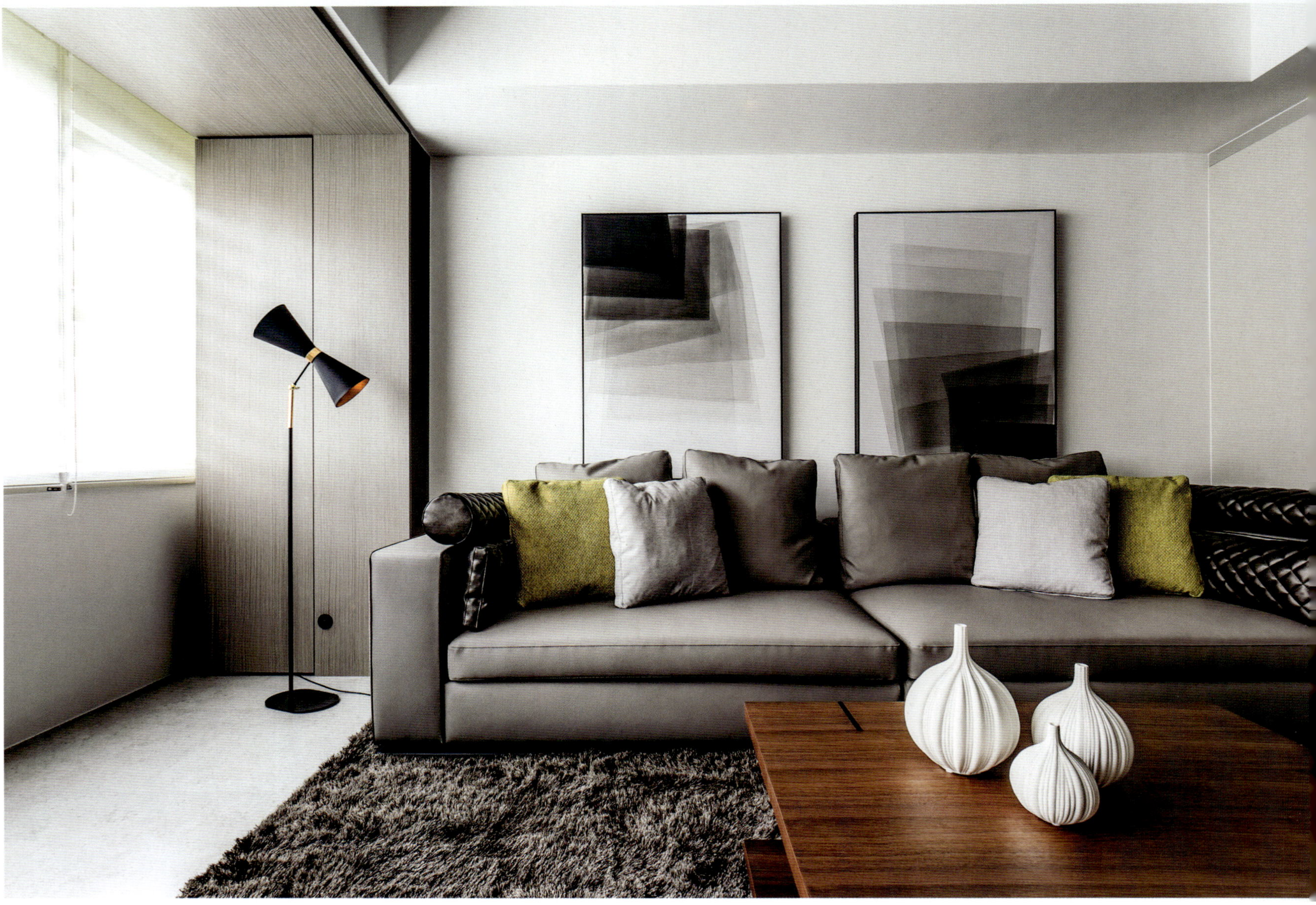

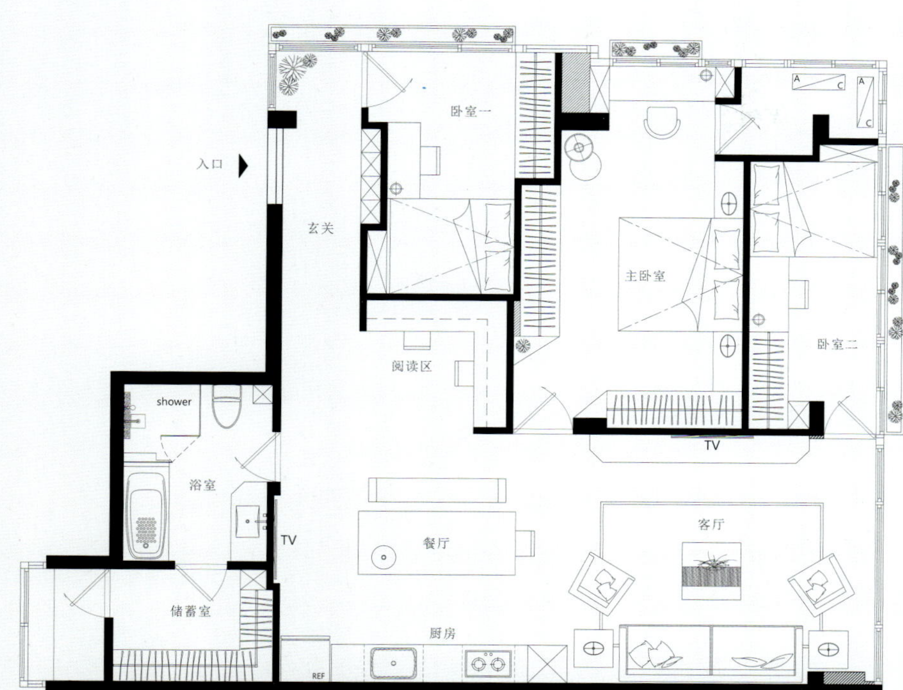

平面布置图

项目名称：暖．日光
地址：中国台湾台北市大安区
设计公司：E&C（苡希）创意设计有限公司
主设计师：叶佳奇
项目面积：103.2 ㎡
摄影师：微光马可

依循动线来到公共区域，明亮而开阔的生活场景，符合屋主所期待的居家面貌。设计师改变原有的空间格局，让客厅转向，以开放、清透的形式，串联客餐厅与厨房，让空间尺度与视野更加开阔。餐厅与阅读区又共同处于另一条轴线，并以餐厅为视角中心。在此业主能一窥入口处与公共空间的全貌，随时能掌握内外的动静与家中成员互动，同时也能拥有很好的采光。

设计说明

将最自然的光线引进室内的每个角落，一直都是 E&C 在设计上最重要的课题。以日光及温度为设计主题，将 30 年老公寓重新装修，从基础工程的施工开始，彻底解决原先漏水与白蚁等问题，同时，也大幅调整内部动线与格局，让公共空间及每间卧房都能拥有迎光面，给屋主一个充满日光温度的家。

同时，这里也是设计师在喧嚣纷扰的尘世中，为业主独僻的一方隽永之地，可聆风听雨，可观山望水，让业主在疲惫之时，亦可静守岁月，诗意地栖居在这片生机盎然的土地之上。

材料运用

本案通过木皮、石砖等多种材料的混搭运用，使空间呈现低调的灰色视感，同时颜色又是丰富、充满变化的。用银灰色石砖打造的地面，经济实惠又有大理石的质感。客厅中皮面沙发搭配柔软的长毛地毯，表达了业主对生活质量的追求。木质电视柜和茶几，与背景墙的木皮相呼应，自然之感呼之欲出。

主要材料：珪藻泥、木地板、木饰面、壁纸

主设计师：吕科翰

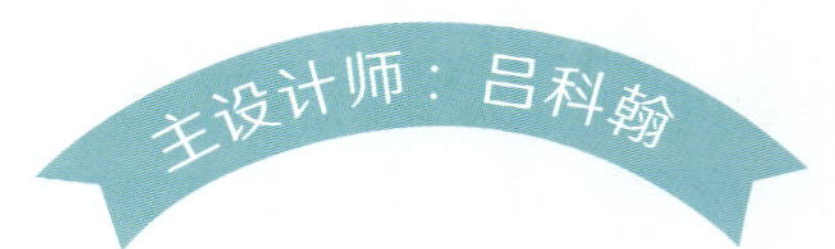

标榜自然的原色温情空间

折角双人位沙发带来亲切而柔软的气息，低靠背、无扶手的设计令沙发造型更加流畅无阻，适合面积较小的空间。一旁的单人扶手休闲椅，以木质椅腿作支撑，清爽宜人的色彩自然简约地呼应空间中的木质元素。而餐椅则源于明清时期的圈椅，全新的设计张扬着自己的清雅风范，舒适的曲线令就餐时亦感到相当放松。

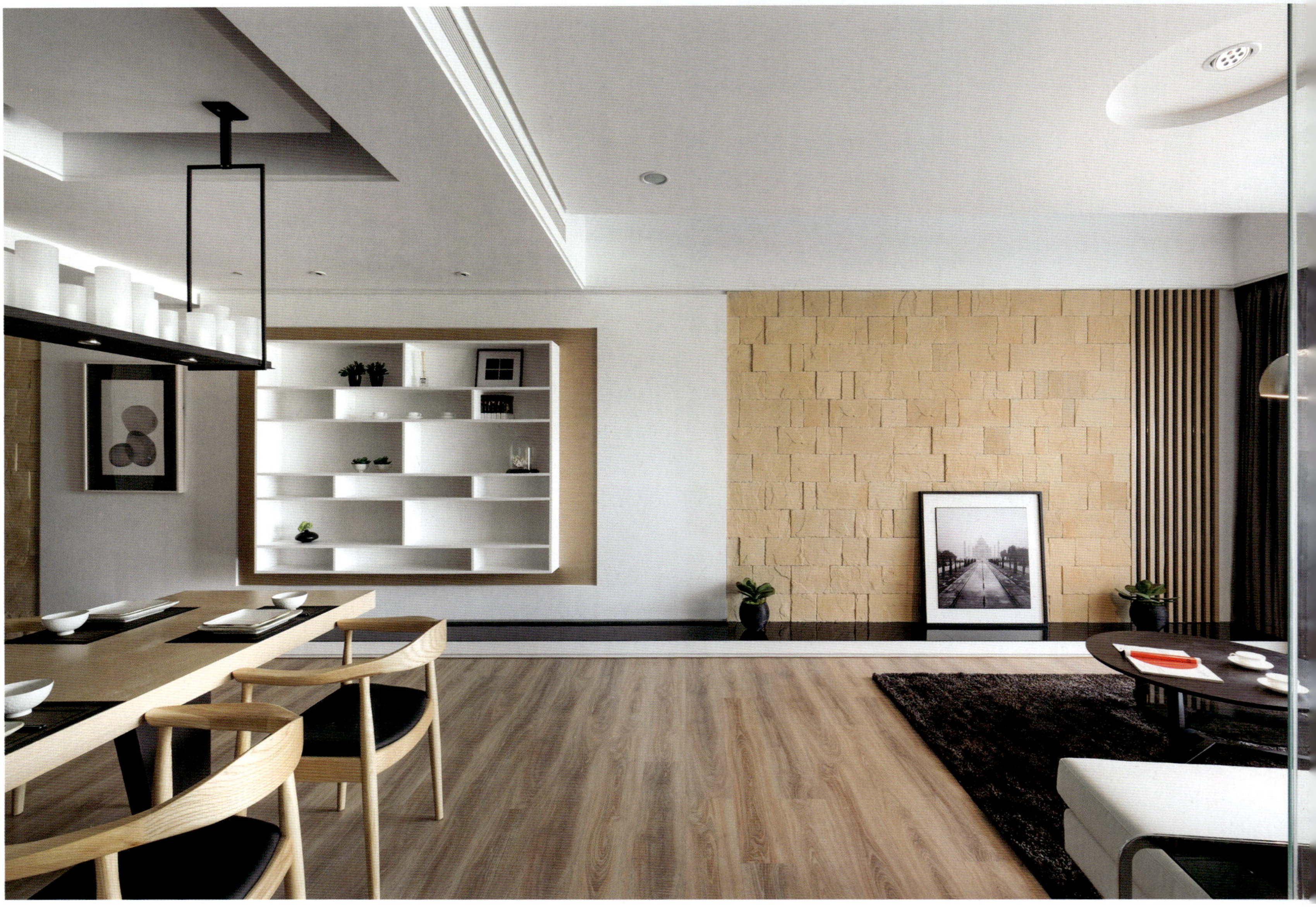

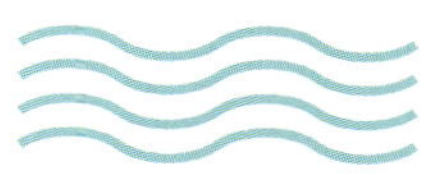

项目名称：自然生活温度，舒心好感宅
地址：中国台湾新竹县竹北市
室内设计：橙果创意国际设计有限公司
设计师：吕科翰
项目面积：93 ㎡
摄影师：Hey!Cheese

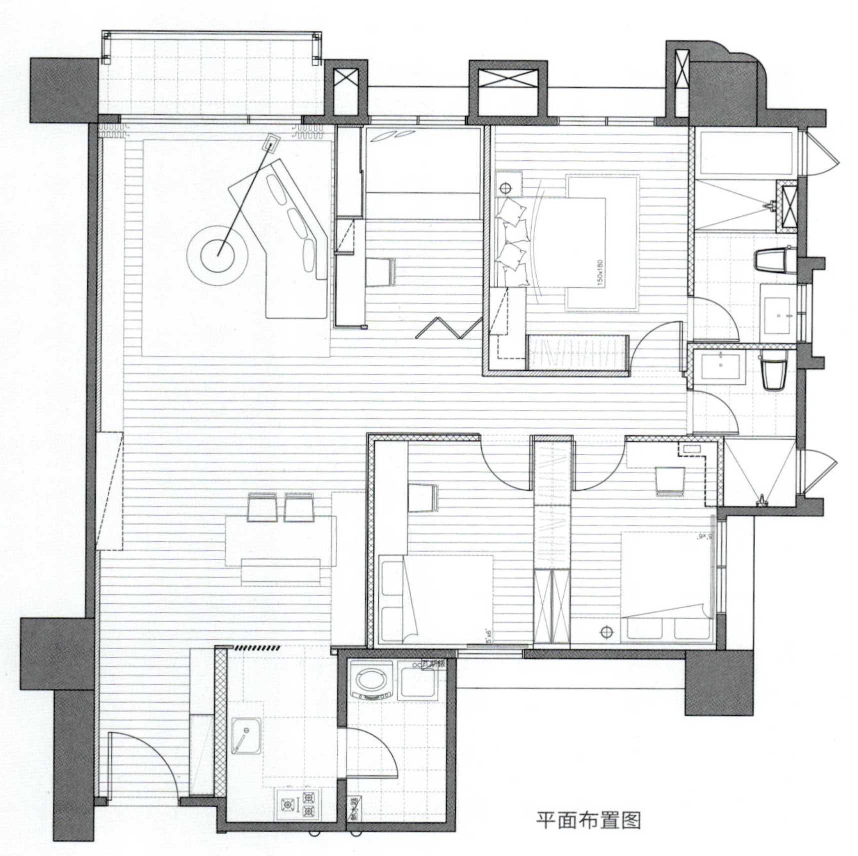

平面布置图

空间/规划

设计师更改原先独立式的厨房设计，改以玻璃拉门与格栅屏风界定餐厨区，让光线得以深入内部。量身打造的餐桌可弹性伸缩，满足好客屋主的待客需求。书房原先的实墙隔间被改成透明玻璃，串联场域视觉，创造加倍放大客厅与书房的空间感，营造轻盈、放松的办公环境。双面柜设计作为两间卧室的隔间墙，为两间卧室争取更大的可用空间，有效提升空间利用效率与功能性，创造更宽松、舒心的私人空间。

材料/运用

公共区域运用文化石、木格栅与烤漆等质材表现，将原先过于狭长的墙面，分割出和谐的视觉比例，且具有完整的连结性。靠近入口处的木质展示柜以白色烤漆框定出端景意象，让立面视觉更具层次变化。电视主墙铺陈文化石，在低调简约的场域基调中，呈现一抹粗犷、显眼的视觉重心。

设计说明

屋主向往明亮、舒适的居家空间，不希望设计师用过于商业化的设计手法，掩饰家应有的生活温度。因此设计师以温暖、柔和色调铺陈空间基底，调和一室自然纯粹的疗愈氛围；考量房屋采光不足，室内特别采开放式设计，透过敞开、穿透的格局安排，让视线与光线能充分延伸至每个角落，串联起开阔、通透的居家场景。

为提升空间使用效率，设计师适度微调格局，首先拆除书房的隔间实墙，改以透明玻璃、折门界定场域，创造最大的空间弹性；另一处则是将两间次卧的隔间墙改为双面柜，争取更多可用空间，足以摆放双人床与四呎书桌，大幅度提升实用功能性。

主要材料：实木、不锈钢、布艺、大理石

主设计师：向雨

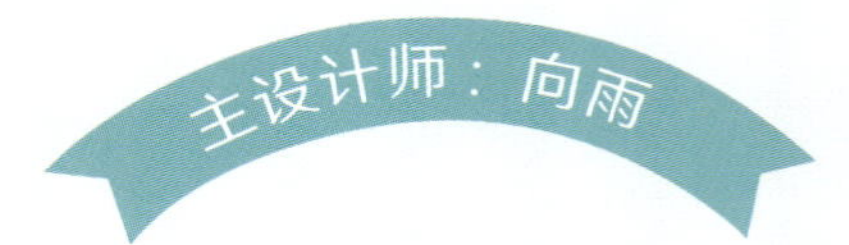

都市的梦幻映像

北欧舒适、自在、放松的生活方式，是对生活的热爱。采用粉绿色的墙面、花瓶，单人沙发采用跳跃的明黄色，粉蓝色靠枕搭配清淡的地面，巧妙的不对称图案设计，减少空间的仪式感，空间中偶尔出现的金属质感，又使居室多了一些个性。当马卡龙色系遇到北欧风，整个夏天都是清新、恬谧的味道，令整个空间的温馨感像蜜糖般沁入人心。

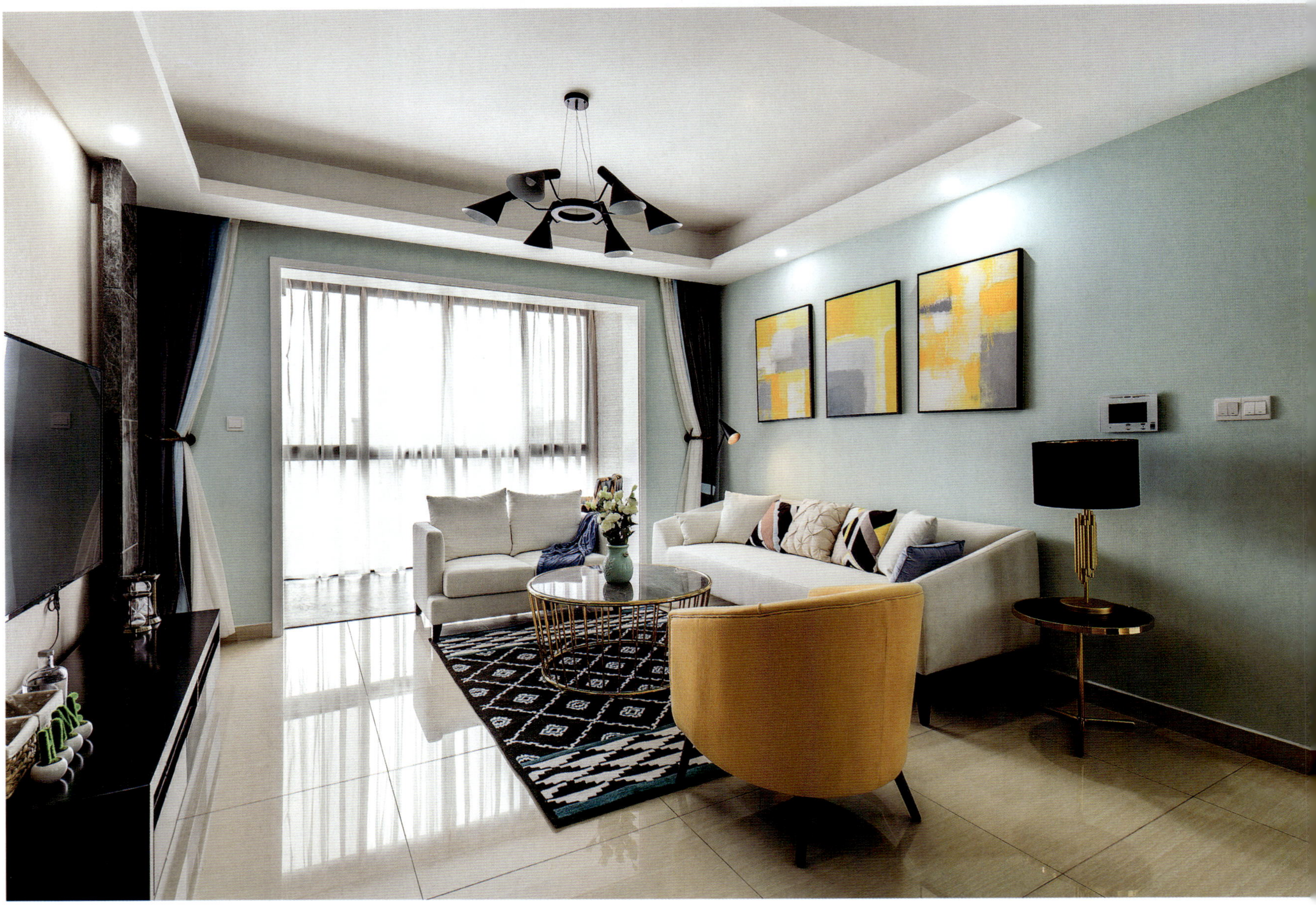

项目名称：吉宝凌云峰阁
地址：四川省成都市锦江区
设计公司：华成设计公司
项目面积：132 ㎡

客厅电视柜上，金属沙漏的装饰品看起来十分精致，表现出时间的珍贵与人们对美好时光的珍惜。另一边的仿植物小盆栽，造型憨态可掬，为空间带来活力与趣味。沙发背后的三幅装饰画清新、简约，与同色系沙发遥相呼应。儿童房三轮车摆饰，复古有趣，加上飘窗上的各种动物玩偶，共同打造出一个充满童趣的空间。

来到客厅，浅绿色的墙壁和暖色系的装饰画，对应着白色和亮黄的沙发组合，柔和了整个空间，使空间显得清爽而温馨。屋主夫妇有一个六岁的儿子，活泼可爱，要求房间有活力，带有童话气息，因此儿童房整体色调主题为童真蓝，深蓝办公椅、湖蓝窗帘，各种深深浅浅的蓝，点缀黄色和红色卡通图案，营造出一个自由生长、天真烂漫空间。

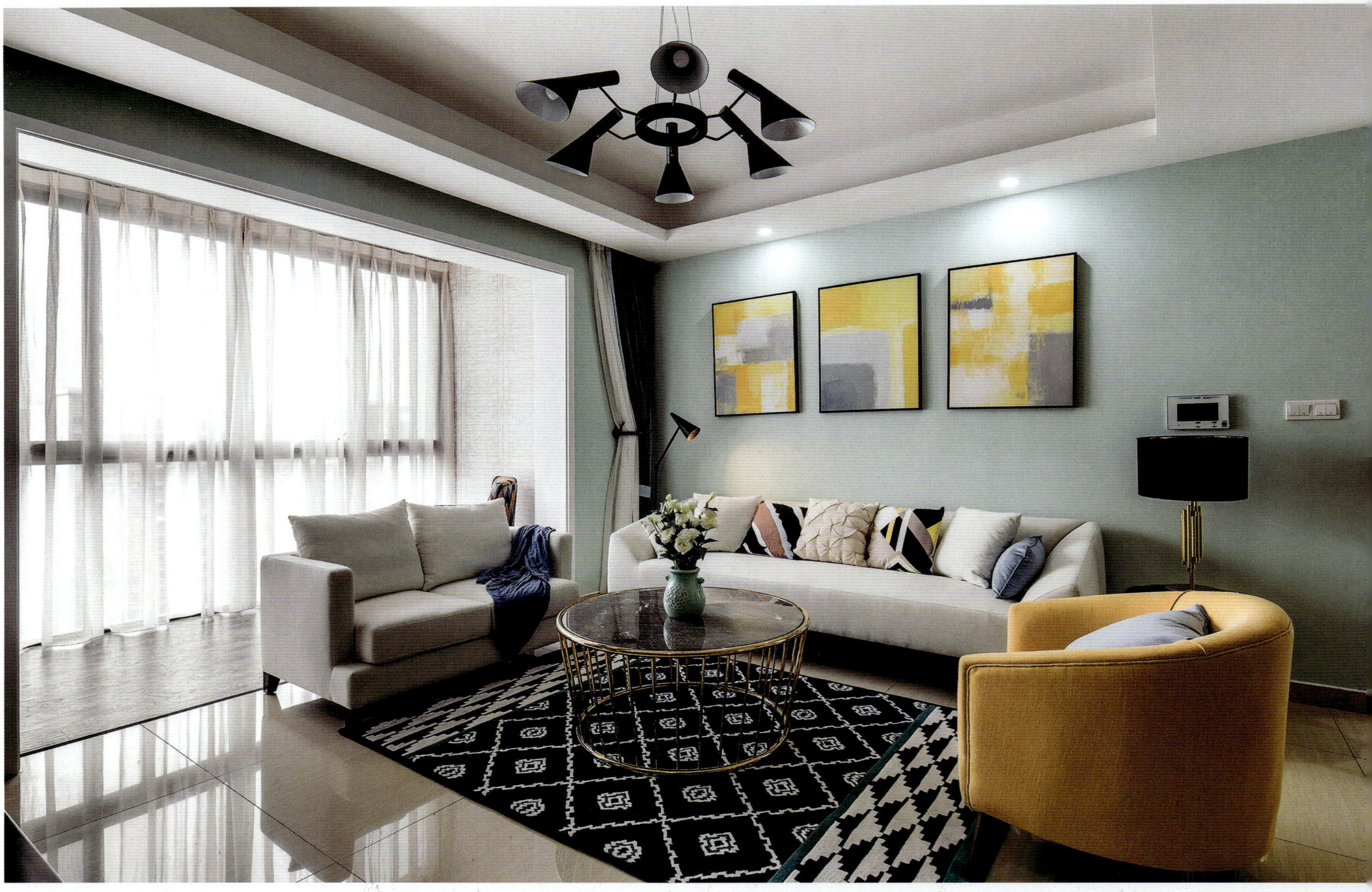

设计说明

本项目是成都锦江区汇泉南路的精装房楼盘——吉宝凌云峰阁，本案业主是一个三口之家，夫妻二人均为 80 后，男主人性格成熟，为人儒雅，喜欢高雅、舒适的生活环境；女主人温柔、感性，要求有一个浪漫、温馨、极简干净的生活氛围。综合业主一家的情况和喜好，设计师和业主最终达成一致，决定采用简约北欧风。

入户门处有个超大的通顶鞋柜兼收纳柜，有效地增加了房屋的收纳空间，也让空间显得更加紧凑。主卧室摆设整齐，北欧元素十足。从阳台看向窗外，透过细纱窗帘景色一览无余。

EAT
DIAMONDS
FOR BREAKFAST
AND SHINE
ALL DAY.

follow
your
dream
HOME
SAILIN
NAUTICAL

主要材料：地板、油漆

主设计师：吴心剑

对比碰撞极致玩味

客厅墙面用了较浅的灰色，将整体颜色维持在舒适的色度之中，餐厅后的墙面漆上热烈的红色，同色的餐椅、单人沙发作为呼应，让缺少烟火气息的居室顿时令人眼前一亮。搭配苹果绿色卡通休闲椅、沙发靠枕，使得整个客厅色彩元素丰富、不空洞，将鲜艳色彩放置于再素雅不过的灰色空间里更显时尚、惊艳，以少有的强烈对比色碰撞出活跃的气氛。

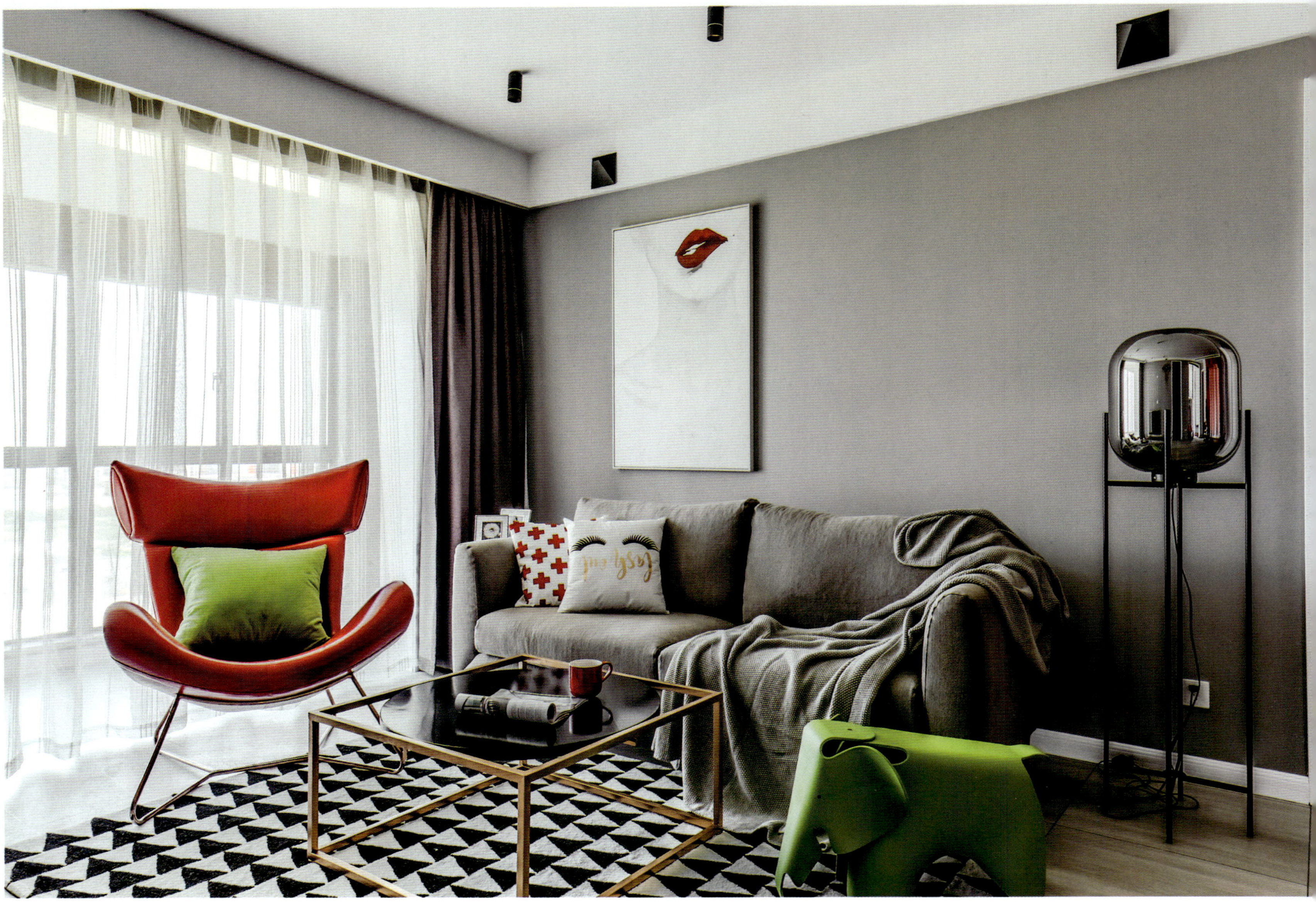

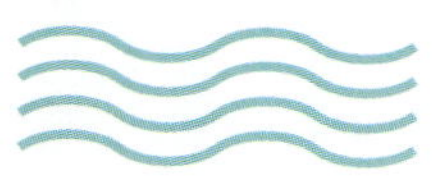

项目名称：海德公园
地址：江苏省苏州市
设计公司：苏州大斌空间设计
主要设计师：吴心剑
项目面积：120 m²
摄影师：晟苏建筑摄影

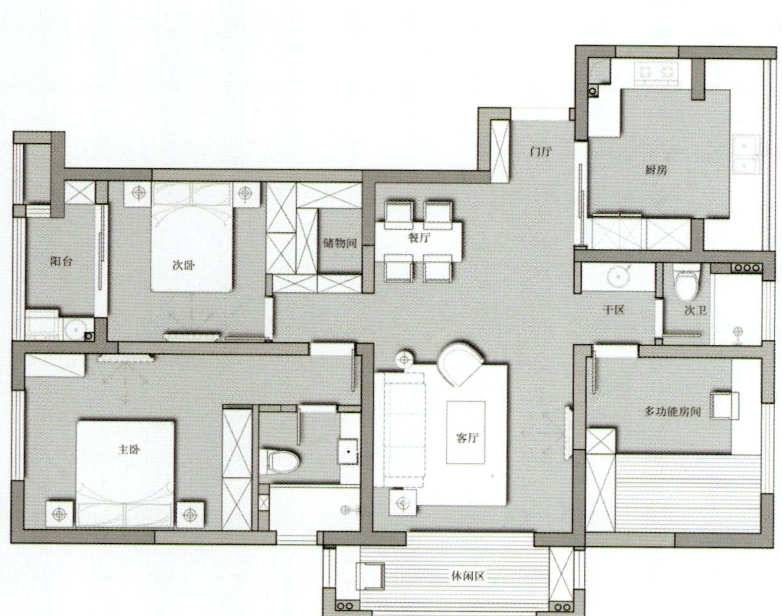

平面布置图

设计说明

本案为三房二厅二卫一厨的多层住宅，建筑面积约为130m^2。环境优美，以婚房为依据进行设计，突出温馨且不失时尚之感。本案设计师以北欧的设计风格为主调，全面考虑，从全局出发，而不仅仅着眼某一点或某一个墙面的装饰，力求达到统一中带有变化，和谐中产生对比的要求。强调功能性设计，线条简约、流畅，色彩对比强烈。

首先在功能方面，充分满足业主的生活要求，客厅是交友娱乐中心，影视墙采用浅色乳胶漆打底，既大方又有气派。餐厅区是家居活动密集之处，不仅要美观，更注重实用性和整体性。卧室色彩与主题色调相互呼应，没有过多的色彩、布置和家具，没有喧嚣与繁复，一派宁静悠远，突显业主温文尔雅、平和理性的特点。

厨房和卫生间均按现代、舒适、卫生、环保标准进行设计。总而言之，室内设计一定要用心，从总体风格到细部装饰都要结合实际，反复推敲，反复构思，反复比较，创造出精品，家装除了造型美外，一个成功的作品还必须具备实用，舒适、时尚、美观、环保。

LOREM IPSUM

灯光/照明

餐厅的灯光既不能太强，也不能太弱，灯光的布置要能使食物更加诱人，增进人的食欲。黑色的工业风吊灯设计与红色墙面形成强烈对比，创造出时尚、个性的用餐区域。儿童房选择了白色的羽毛灯，灯光透着片片羽毛散射出来，非常柔软、温馨，让人想象到天使般的纯真。

色彩/搭配

餐厅和卧室均采用红色点缀。餐厅墙面红色黑板墙的设计既满足了视觉需要，也可在闲暇之时增添涂鸦情趣，卧室简单的装饰画和窗帘点缀惬意空间。高纯度色彩使用，大胆而灵活，不单是对简约风格的遵循，也是个性的展示，加强整体软装和谐、统一。

主要材料：系统柜、木作谷仓门、超耐磨木地板、黑板漆、实木贴皮

设计公司：寓子设计

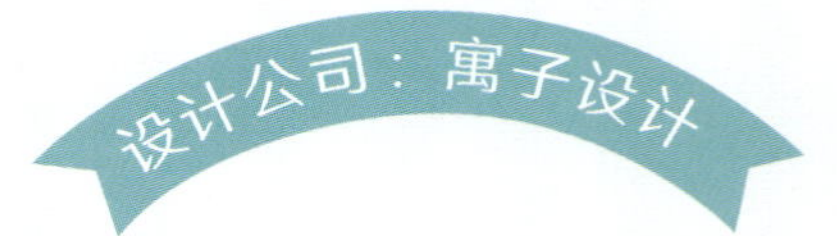

治愈、温馨的北欧风范

餐厅上方两盏工业风吊灯照亮整个餐桌，让主人在暖意之下愉悦地用餐。客厅边几上的一盏黑色铁艺壁灯以无彩色的存在低调、务实，散发出柔和的光线为客厅补充了光源。对应与电视背景墙相连的转角墙面也由壁灯打造出舒适的明暗对比，强调了居室的空间结构。再结合射灯的焦点照射，显得灵动、有层次，连同生活的情感与温度一并灌注在这个温馨的家中。

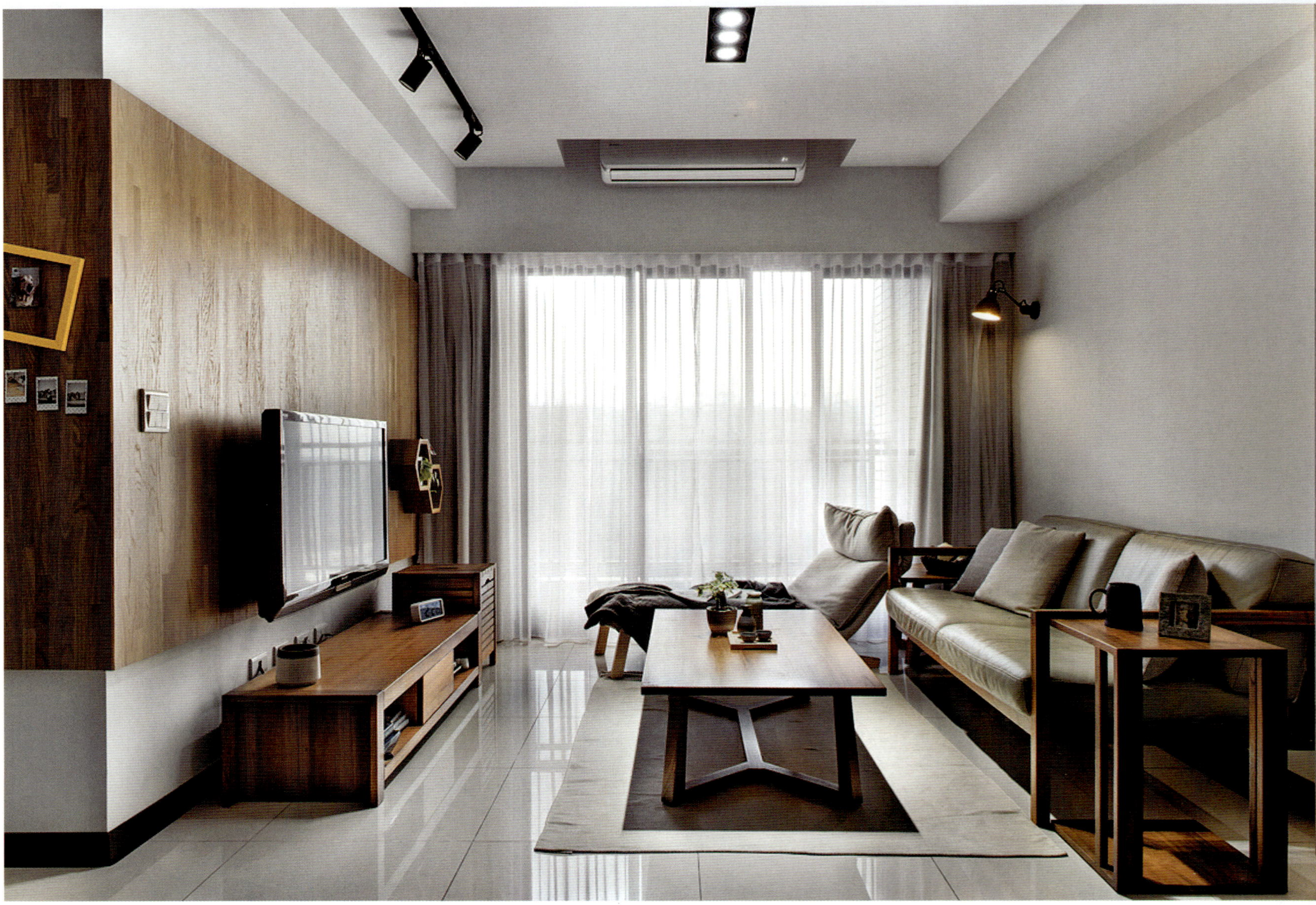

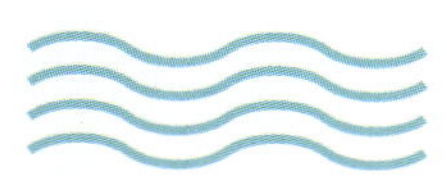

项目名称：轻北欧 工业日光宅
地址：中国台湾桃园市
室内设计：寓子设计
项目面积：70 ㎡

客厅电视背景墙覆以木皮，充满温润感，木皮延伸至侧边，则可随手贴上与家人出游时拍下的照片，成为生活记忆墙。皮面沙发，于低调中呈现业主对高品质生活的追求。儿童房和主卧均使用复合强化木地板，让小朋友可以在家里尽情地玩耍。

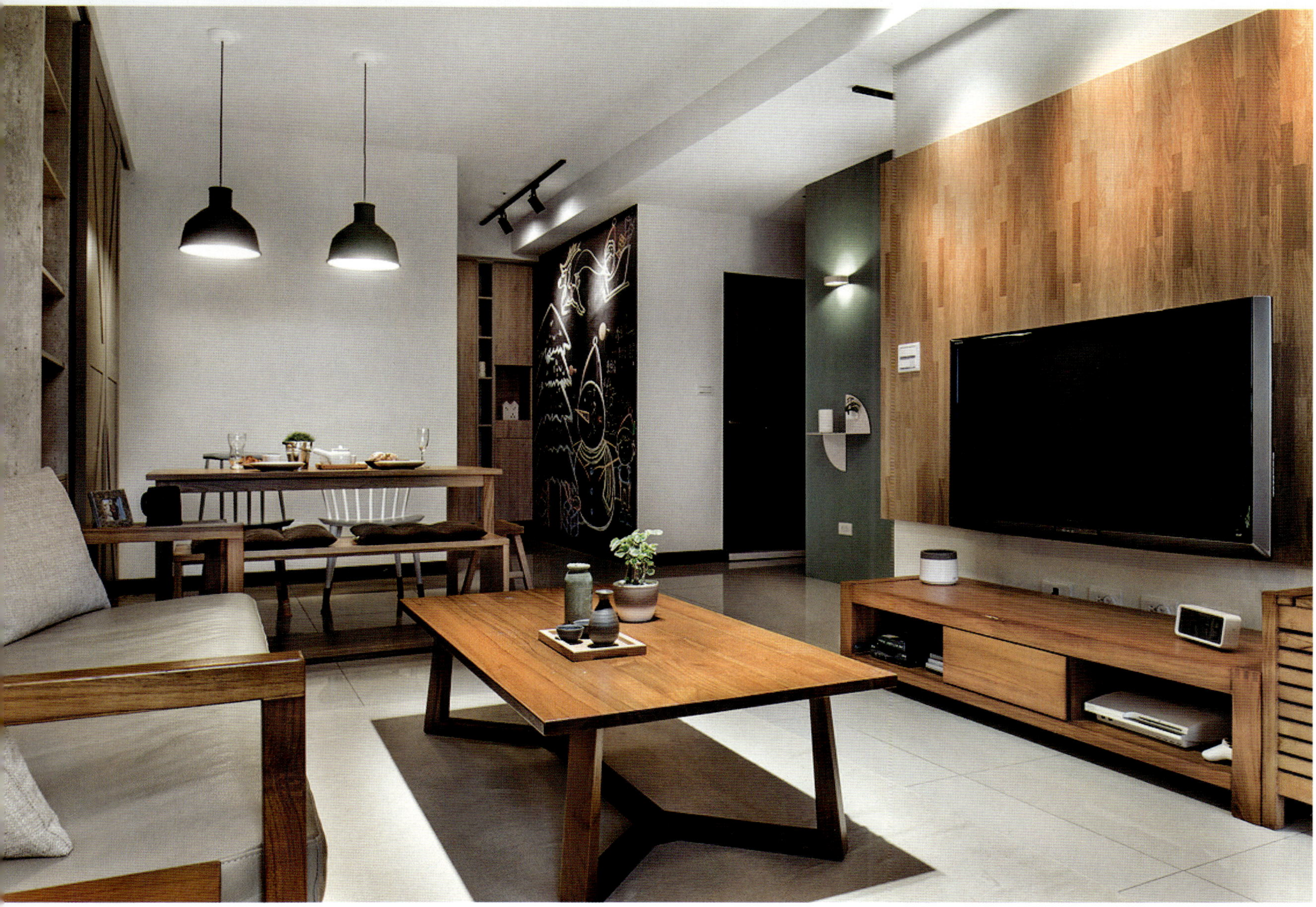

设计说明

公共领域采用开放式设计，将客厅与餐厅连结，蔡佳颐设计师挑选丹麦Muuto与进口THC灯饰点缀空间的亮点。没有过多的色彩渲染，淡雅的用色构筑出舒适的公共生活空间。主卧室地面与柜体使用浅木色，使空间中充满着清爽气息。浅木色与上方色调形成跳色对比，兼具机能与舒适性。

蔡佳颐设计师更贴心考量到居住者有过敏体质，在整体安排上特别以低甲醛、好清洁、简单干净为诉求，避免使用过于复杂的设计元素，改善灰尘容易堆积的问题，并规划了足够的柜体机能与展示空间，满足日常生活中不可或缺的收纳需求。让业主从回到家的那刻起，便能卸下紧绷心情，给予业主一家人一个安心、舒适的健康日光宅。

色彩/搭配

有别于以往的北欧的活泼、轻快印象，是一家三口的新家，选用较低调温雅的木色，并加入了灰色谷仓门，在清爽调性中显露个性，也让家有了咖啡馆般的人文温度。廊道规划整面黑板墙，让大人和孩子能一起涂绘无限创意，或留下对家人最想说的话，在互动过程中，感情也变得越来越好！

主要材料：铁件、组合柜体

设计公司：北欧建筑

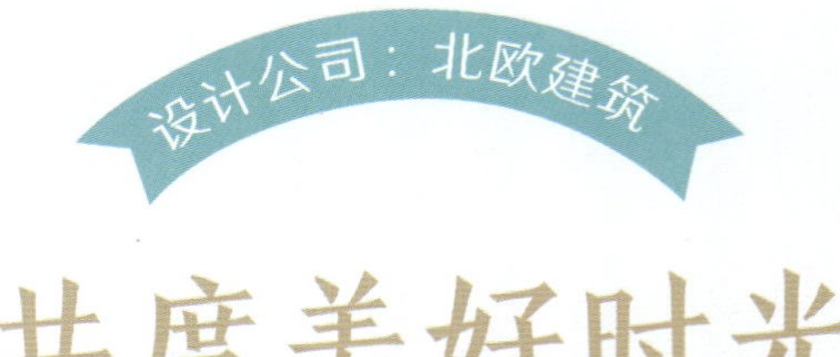

共度美好时光

设计师对公共场域的灯光照明进行了深入的考量，客厅两排精心配置的黑色轨道灯与一盏俏皮的风扇吊灯成为营造温馨空间的重要巧思。在灰色布料沙发旁，一盏电线缠绕的落地灯宛如田园中枝蔓盘绕的植物，将户外田园风光一并带入室内。餐厅区域餐桌上，一排黑色吊灯通过精准的角度设置在无形之中给予用餐空间照明需求，大小不一的帽子外形给用餐的两姐妹带来别有生趣的感受。

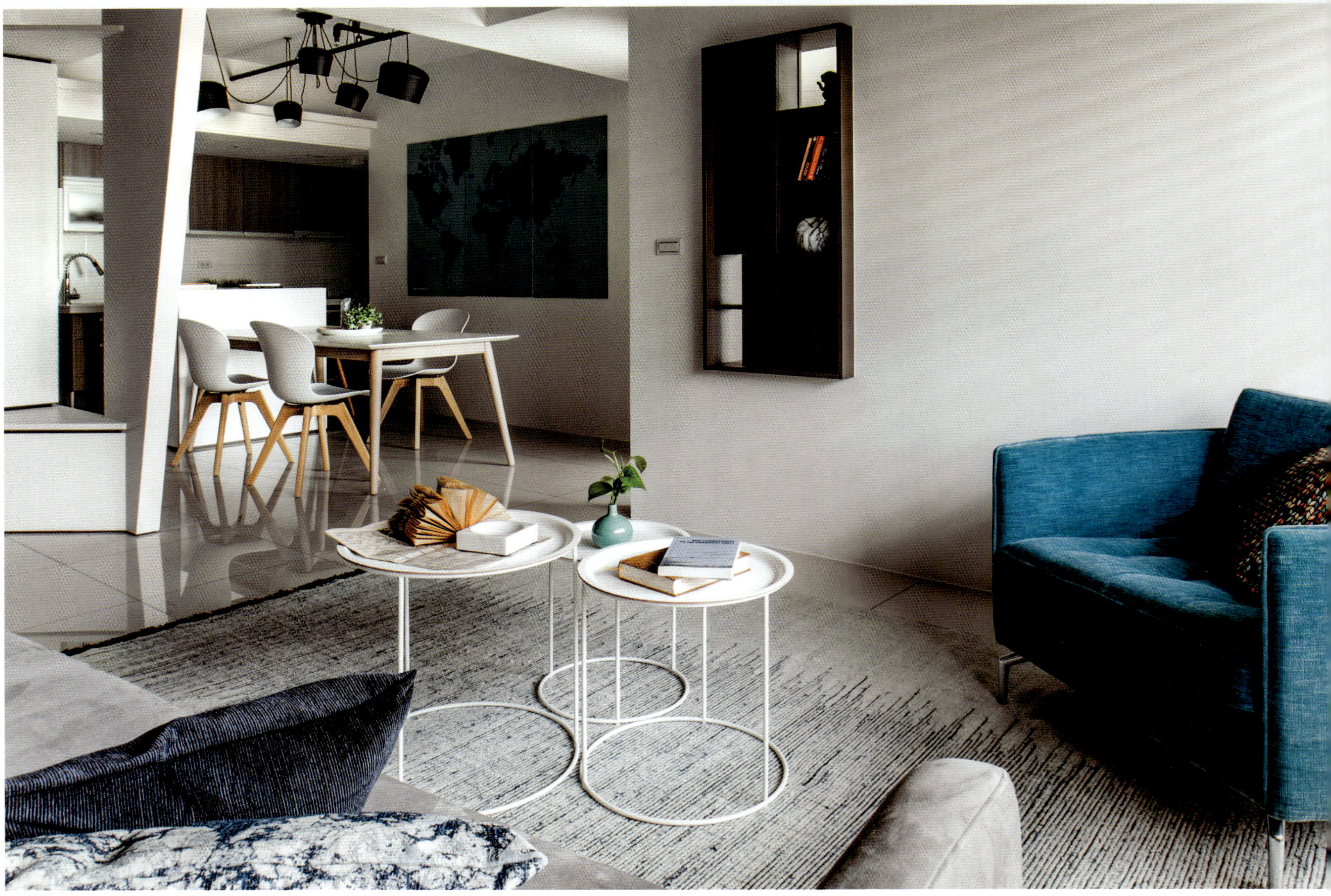

项目名称：桃园简宅
地址：中国台湾桃园市
设计公司：CONCEPT 北欧建筑
主设计师：杨素丽、王苓源
项目面积：89 ㎡
摄影师：朱美颖

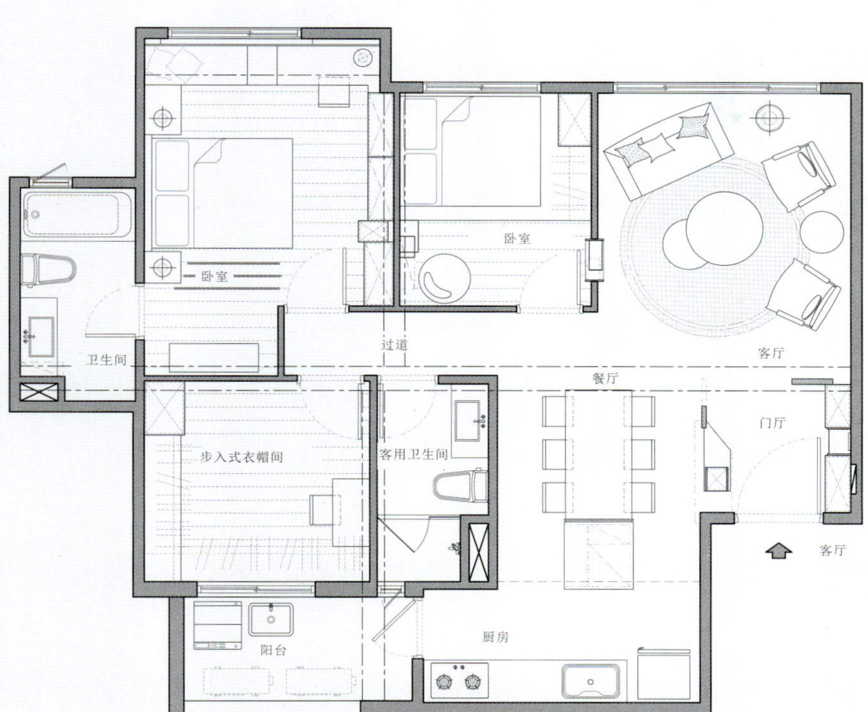

总面积：89.1㎡
室内面积：82.5㎡
室外面积：6.6㎡

平面布置图

设计师以文艺沙龙为灵感，通过高穿透性的空间设计，打造出可让人自由呼吸、移动的空间，为家中各个空间创造出互动与连结。采光良好的一侧留给客厅和卧房，中岛厨房则设置在餐厅靠里面的隐蔽处，让通道得以充分打开，创造合理且安全的使用动线。客厅的穿透柜体连接至姐姐房中，让两姐妹可及时了解对方动向，特殊的角度设定也保护了个人隐私。

设计说明

原本与家人同住的两姐妹，在决定一起共度未来人生后，依然选择靠近父母住宅的地方，希望能够维持住难能可贵的亲情。因此在设计需求上，设计师以家族聚会为主要的考量。踏入屋内，玄关的斜角设计将景色纳入眼底，同时也顾虑到长辈对风水方面的顾虑，让室内外有足够缓冲的空间。缓步入室，客厅少了标准摆放的电视，让公共空间有了更多的变化。居住成员可随时因需求而变化，回到家中就仿佛进入私人的咖啡馆般舒适自在。

色彩搭配

设计师取用窗外四季更迭的农田风光，将屋外田园的原始景色表现在墙面跳色处理上，象征着家人之间永不间断的情感。用亘古不变的四季，表达屋主姐妹俩与家人之间的亲密无间。客厅沙发背景墙以秋耕的土棕色为主色调，沉稳的色调给予人自然、放松的感觉。将稳重的视觉感拉到对面的投影墙上，呼应的是深棕色的穿透柜与大面积的白墙。姐妹房中床头墙的草绿色象征着春季插秧，搭配两个清新的蓝色枕头，承接了客厅的秋耕视觉效果，为两姐妹的居室增添一抹大自然最亮丽的色彩。

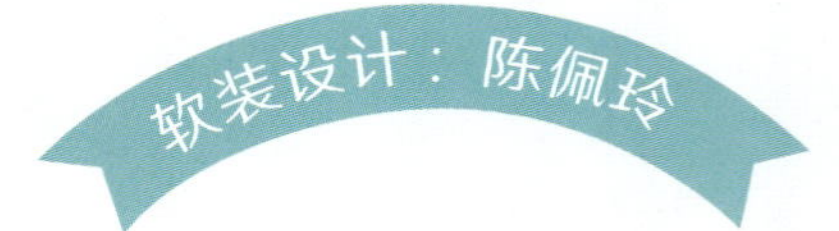

主要材料：爱格板、木地板、谷仓门、文化石、低甲醛系统柜

软装设计：陈佩玲

美好的纯净感小宅

金属导轨和实木谷仓门的运用将家居空间的颜值大大提升，一门两用可以最大程度地节省空间，分隔出餐厅与厨房区域。小户型里的浅色原木家具没有复杂的造型，木门、餐桌相互映衬，卧室里的衣柜、收纳柜、护墙板连成一体，营造如初生婴孩微笑般的纯净感觉，那种没有杂质、舒服感觉直入心底。

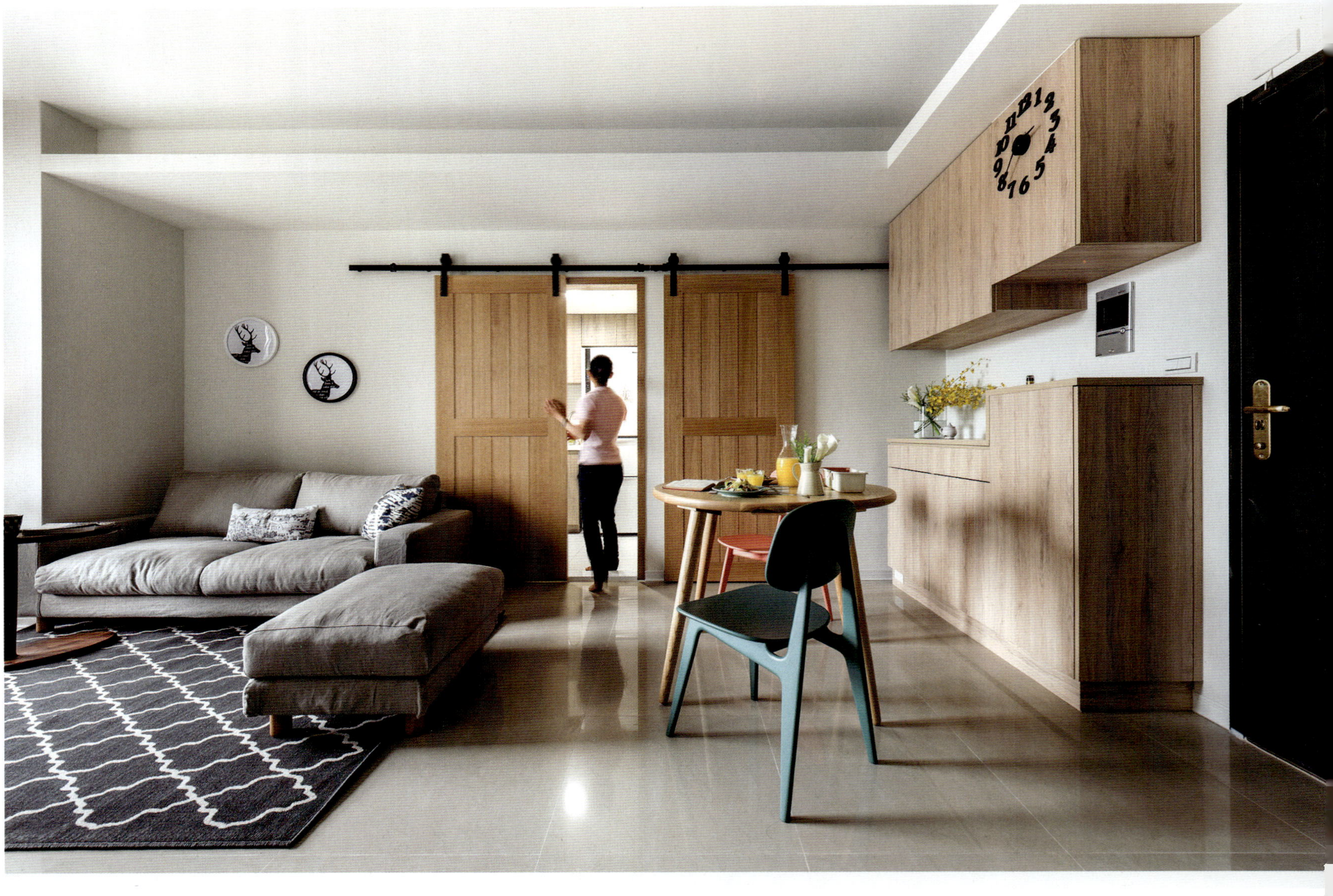

项目名称：盐系木色清生活
地址：中国台湾新北市
室内设计：寓子设计
设计师：陈佩玲
项目面积：70m²

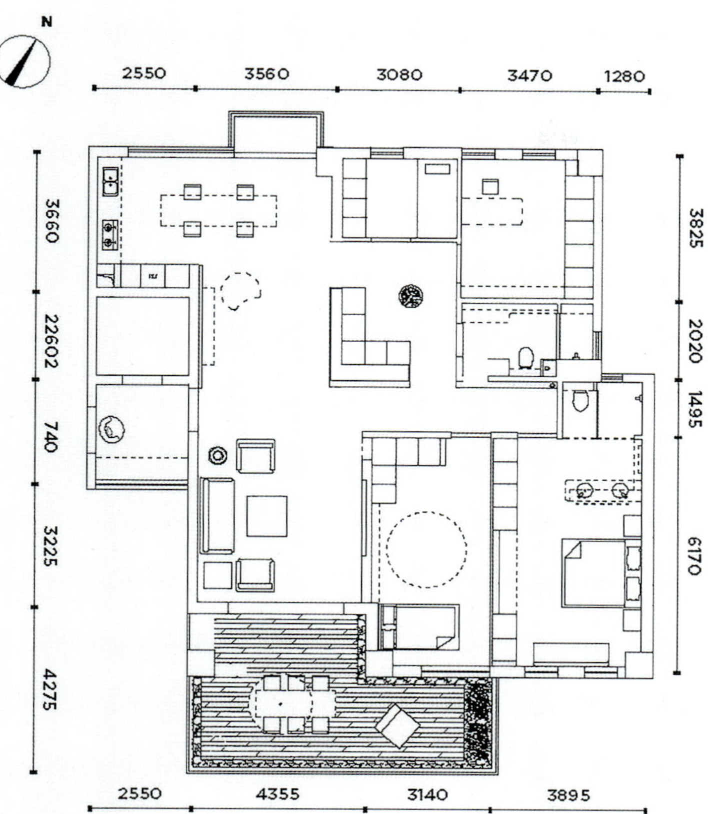

平面布置图

家具搭配

用订做的木质谷仓门取代浴室与厨房空间门片，更为这个空间增加工业元素。前方与无印良品定制沙发配色布置，光影洒落，搭配业主喜爱的木质家具。静静阅读一本书享受这一时刻的美好时光。在小空间里满足收纳需求也为这两个区域带来舒压的宁静氛围。

材料运用

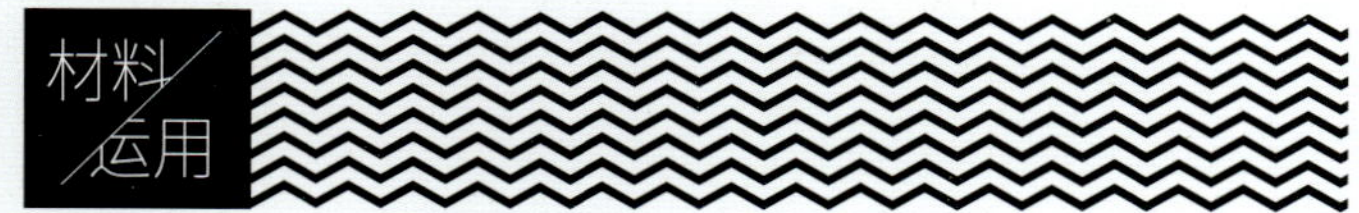

进入拥有光线充足的公共空间，目光所到之处都由木头所拥簇着。木质的收纳柜和谷仓门，让空间散发温暖、清新的气息，让身处其中的人不由自主地获得放松。原本业主也想使用木材来做电视柜的主体，但怕空间过于单调，在设计团队的建议下便大胆地使用清水模的板材取代，搭配上、自然朴素的文化石，电视柜意外地成了整个空间的亮点。

色彩搭配

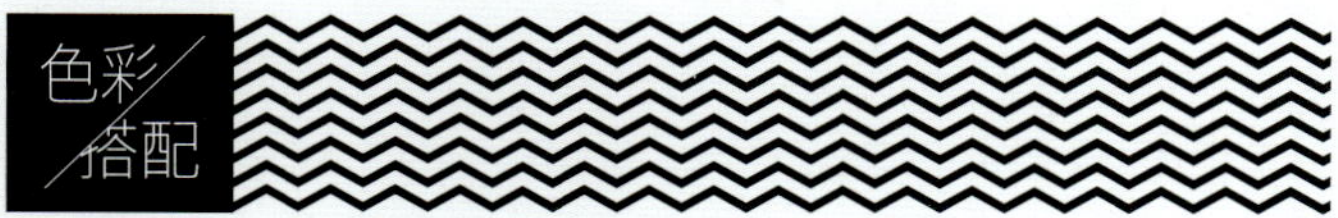

客厅中，灰色调的沙发和电视墙表达出朴素、清冷的空间格调，浴室和厨房的木色谷仓门为空间增添温雅之感，低饱和度的红、绿两色餐椅为空间增加了更多的亮点，主卧与书房和室里运用同系列清水模搭配木质色系，连贯公共空间的舒适风格，打造自然、温润私人空间。

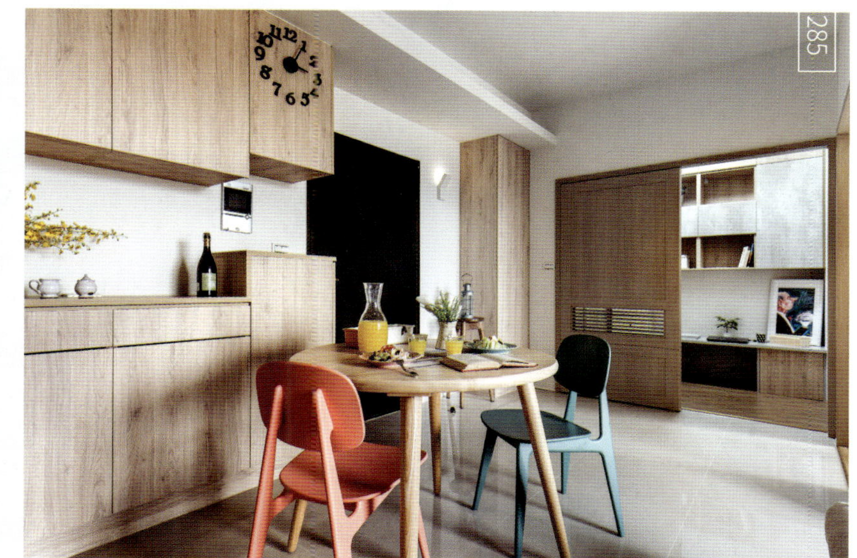

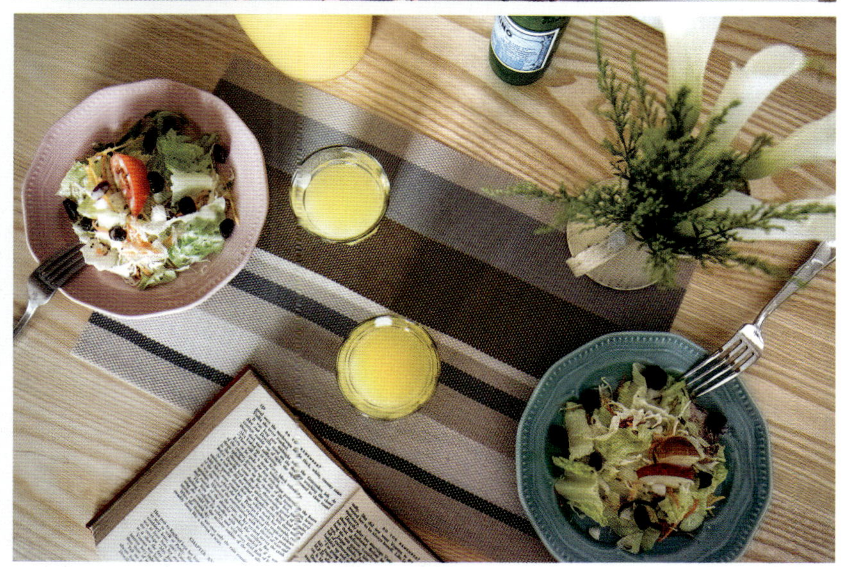

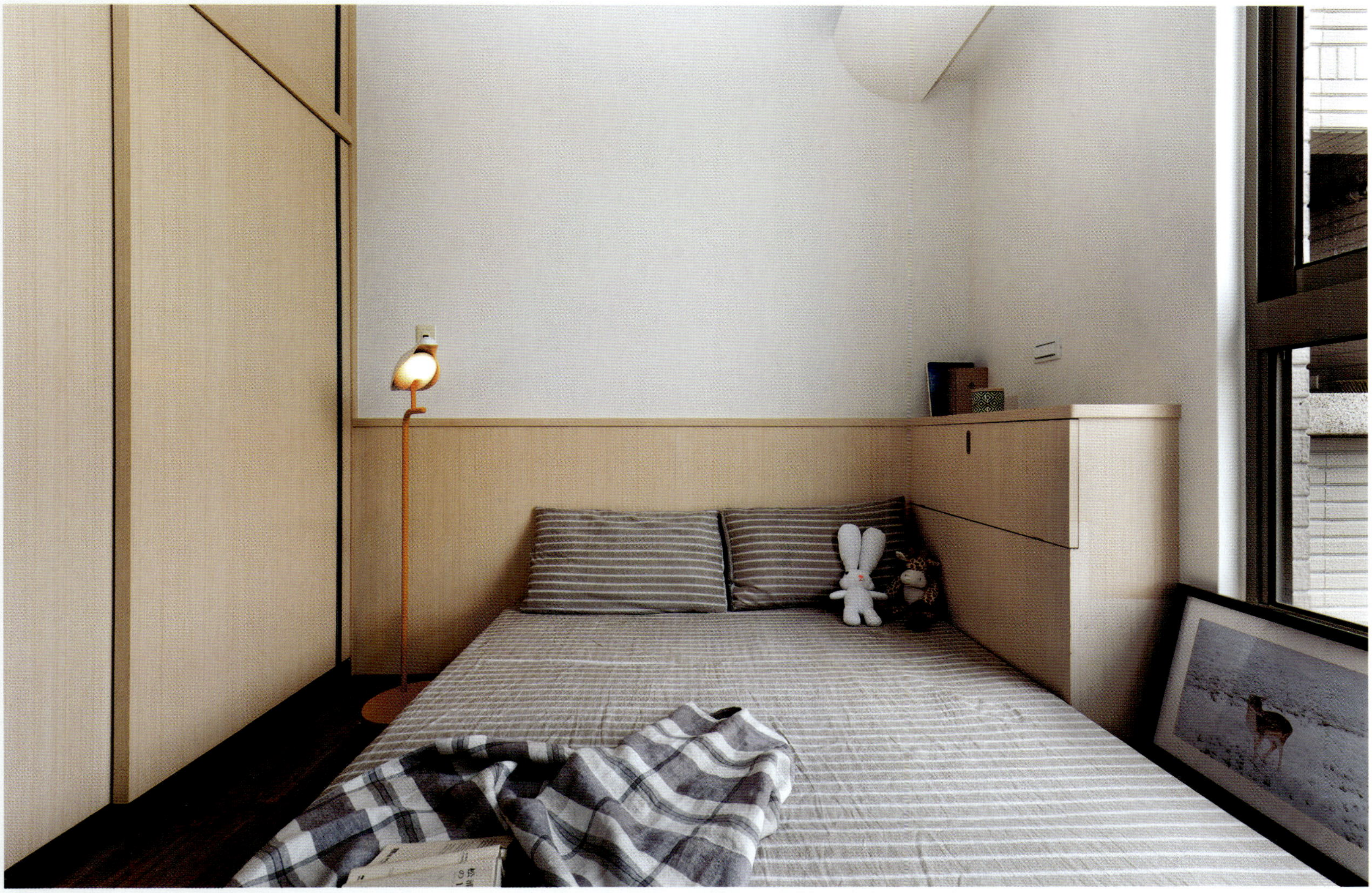

主要材料：品牌家具、乳胶漆、软装

软装设计：力设计

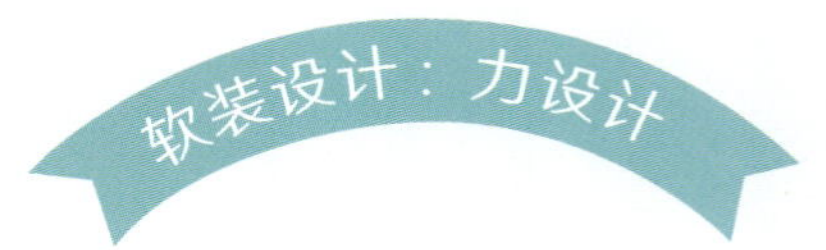

鲜活愉悦的北欧制造

空间整体用色彩勾画出强烈的跳跃感，客厅以浅灰色作背景，孔雀绿的真皮沙发、靛蓝色丝绒窗帘和湖蓝色的谷仓门构成了冷色调，搭配咖啡色地毯与橘黄色靠枕使色彩温度得以平衡。卧室亦注重冷暖对比，主卧的橙色床靠与翠绿色床品对比，原木色床头柜对其进行柔和过度，渲染了静谧、雅致的氛围。

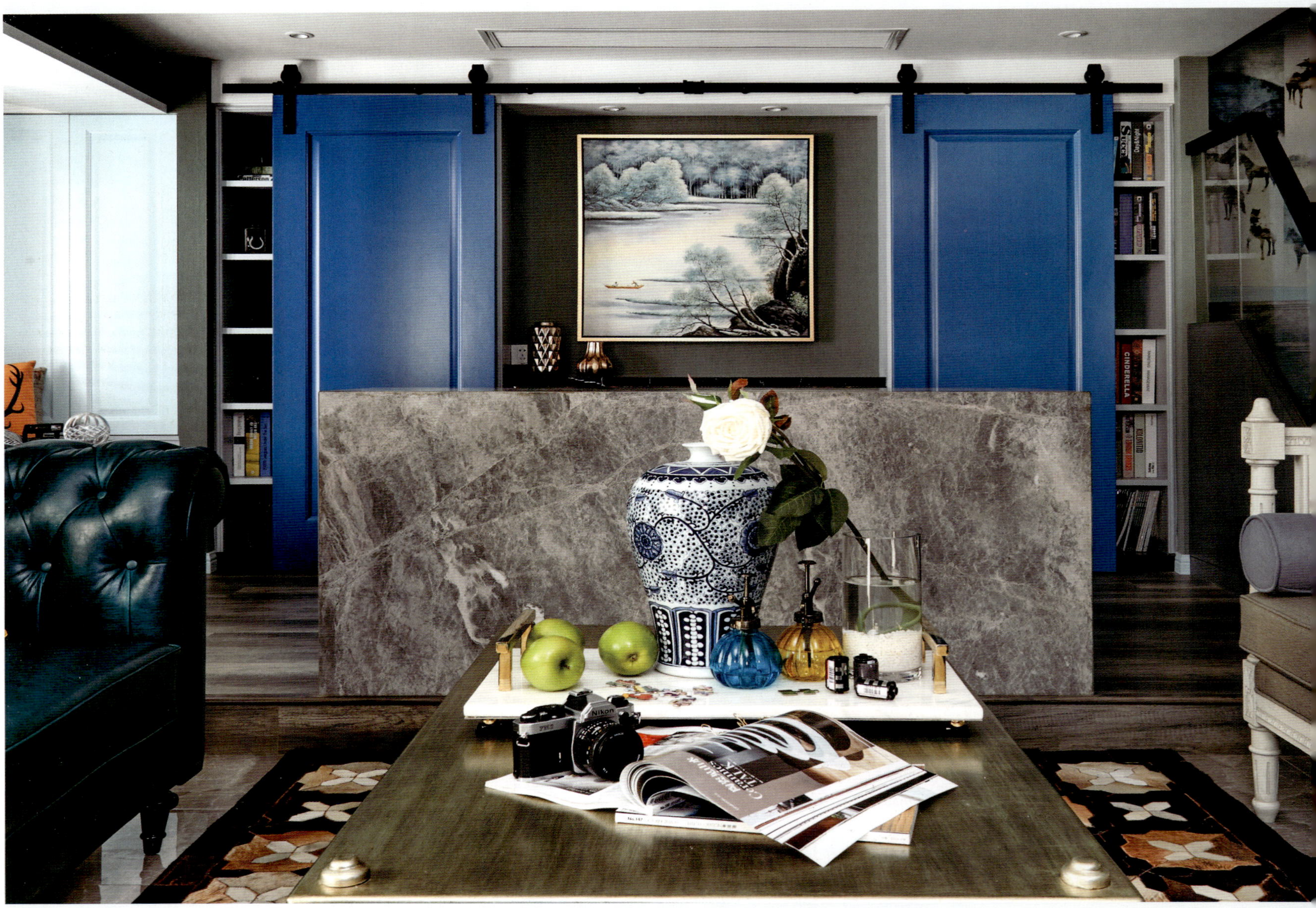

项目名称：和美家
地址：浙江省杭州市
室内设计：大鹏
项目面积：160m²
摄影师：林峰

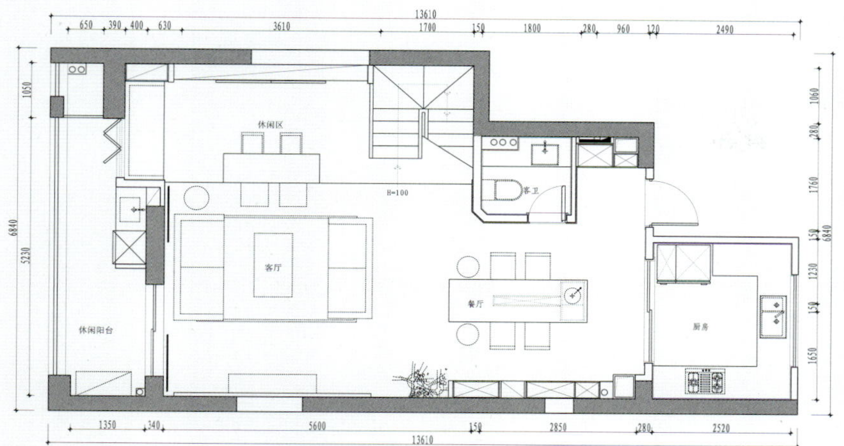

一层平面布置图

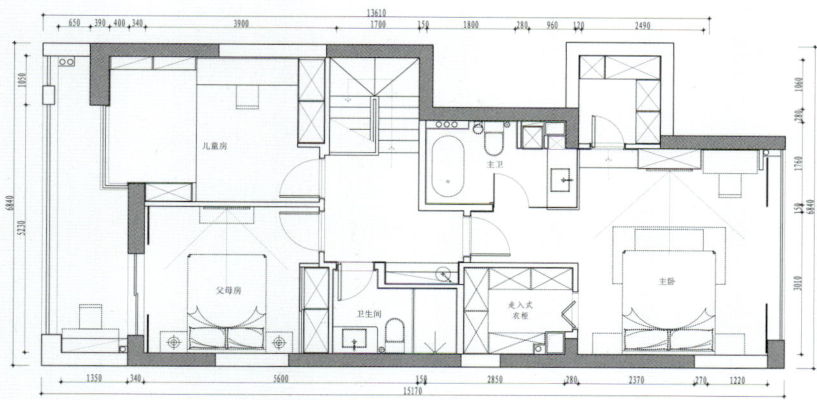

二层平面布置图

OURS
FURY
Nikon

材料/运用

客厅电视背景墙以皮革搭配铜钉，再以金属包边，勾画出鲜明的线条感，营造稳重气息。棉麻、木材及皮革打造的沙发组合，搭配金属茶几。多种材质的运用，为空间呈现丰富的纹理层次。餐厅选择大理石桌面，搭配金属餐椅，展现十足的科技感。餐桌背后以木皮包墙，起到柔和空间的作用，玫瑰金玻璃门边框与客厅电视背景墙呼应，呈现奢华、精致的感觉。

色彩/搭配

设计师对空间整体配色进行考量时，在大面积的灰色空间中，选择了深深浅浅的蓝色来点亮空间。客厅孔雀蓝双人沙发优雅、神秘，一下子就抓住了人的眼球，沙发凳和谷仓门选择更为纯净的天蓝色来表达，同时搭配黄色、绿色的小配饰，让人的心情也跟着明媚起来。主卧背景墙和床品分别选用深蓝色和孔雀蓝，表现宁静的空间气质，棕红的单人椅和棕黄床头背，显得成熟、高雅，又为空间注入更多的活力。儿童房则用粉蓝和粉红两种柔软的色彩呈现，显得活泼而宁静。

MY LAUNDRY
MY LAUNDRY
MY LAUNDRY

主要材料：石材、壁纸、涂料、马赛克、木地板、布艺硬包

主设计师：易永强

迷人的生活几何

简洁的几何元素是设计师十分偏爱的元素，客厅背景墙的水彩装饰画利用形状的重叠让素静的空间变得精致。卧室的床头背景墙巧用心刻画的橙色几何线条渲染出生机与活力，丰富了空间层次。

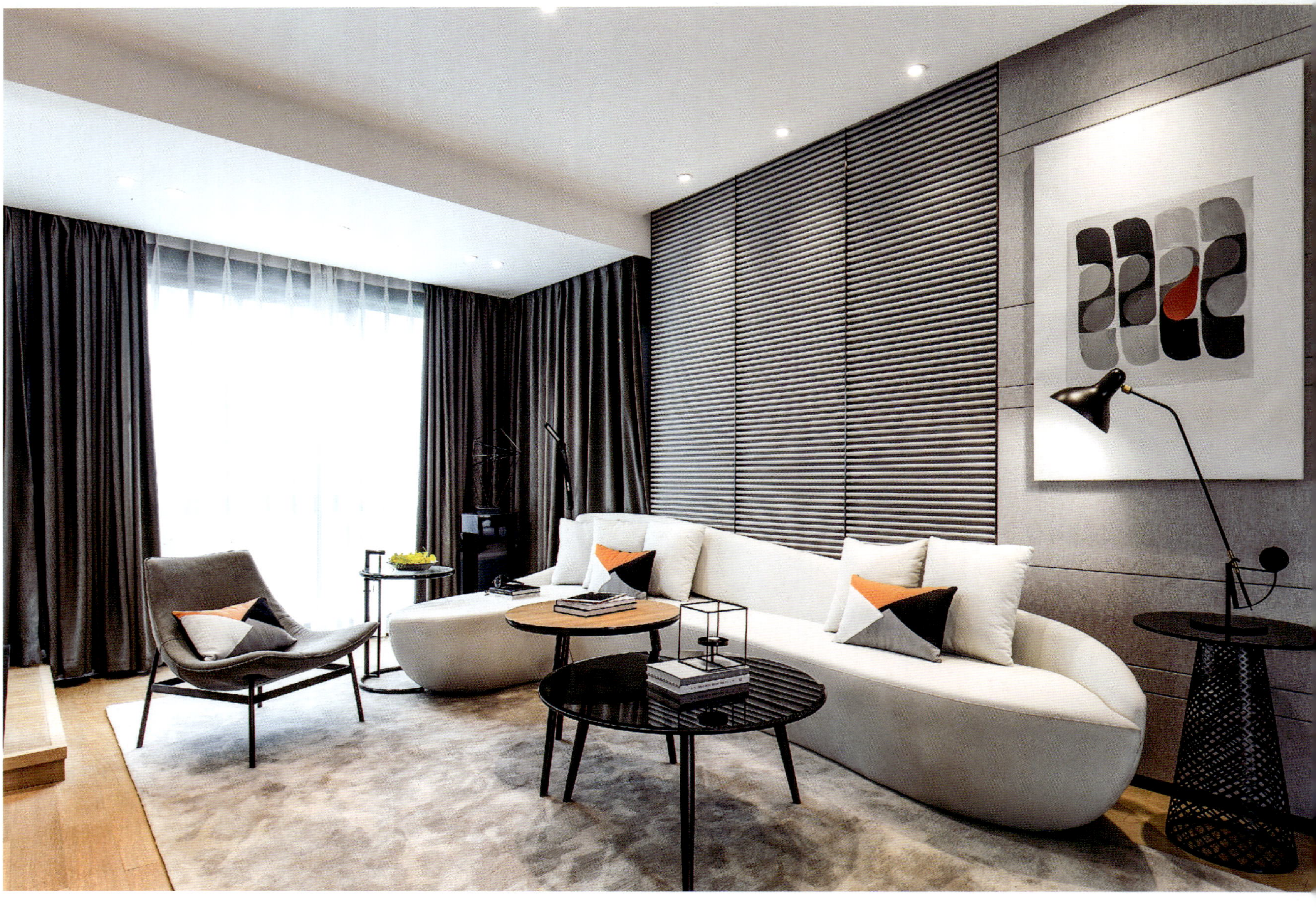

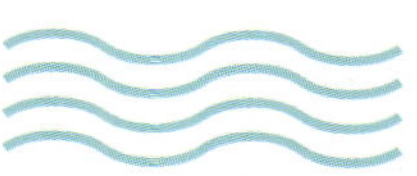

项目名称：昆明东盟森林 A1 户型示范单位

地址：云南·昆明

设计公司：5+2 设计（柏舍励创专属机构）

主设计师：易永强

项目面积：90 m²

摄影：柏舍励创

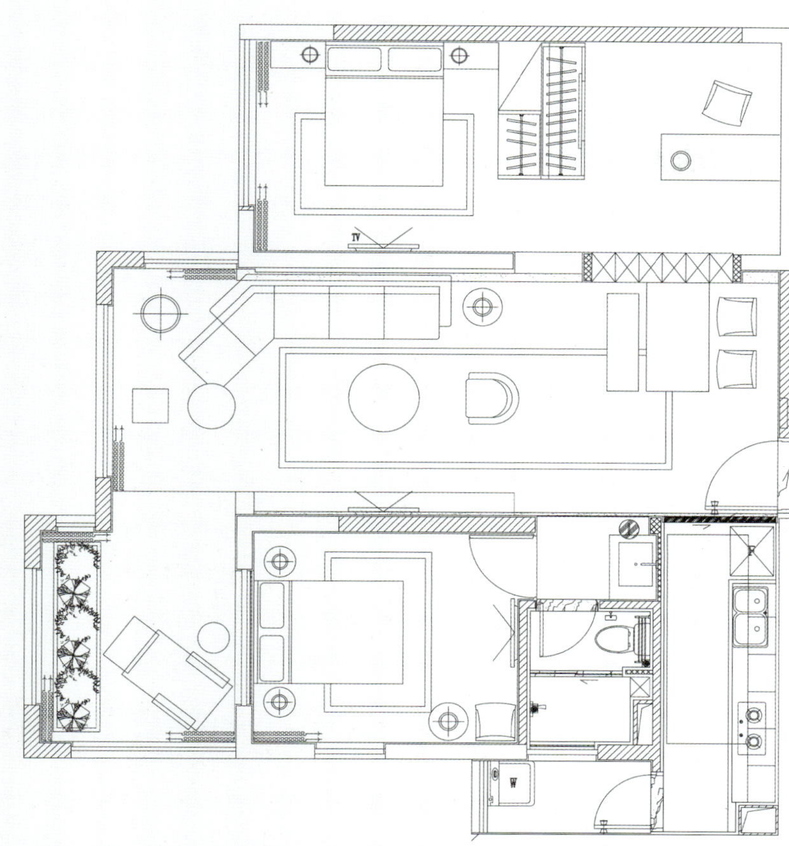

平面布置图

设计说明

本案清透、现代，质感体现。为 80 后业主打造可多样使用的生活居住空间。包括业主在内的部分年轻人希望在繁喧的世界中寻找令自己舒适的居所，体验生活的宁静与美好。

以线条精炼的家具搭配跳跃的橙色钢琴漆做点缀，让整个空间显得年轻而又具有张力。极富设计感的家具搭配肌理装饰，精彩而不失细节。运用开放性设计，令空间感受更加开阔。生活与时尚相结合，在干净的空间中使用色彩作画，体现出居所主人的职业及爱好，使空间情景更为完整。

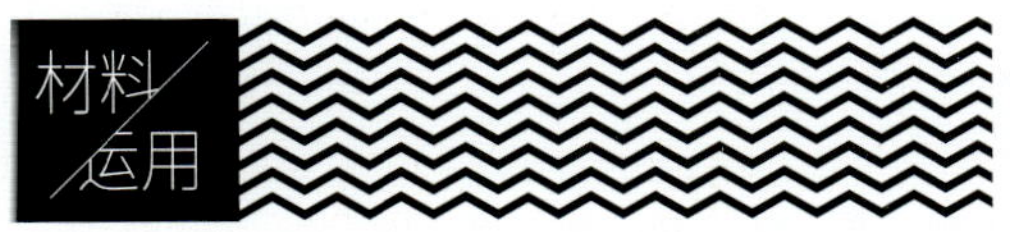

整案空间上运用大面积木饰面，显得温暖而舒适，部分烤漆材料，结合灯光的运用，让空间呈现透亮之感。木饰面搭配水泥色的墙身，让人感觉整洁干净。卧室衣柜，钢材和玻璃的运用，丰富空间的层次，为空间增加线条感和通透感。

10
12
1
2
11
9
8
3
4
7
5
CINDERELLA
CINDERELLA
CINDERELLA

色彩搭配

空间设计上以明静、轻透的白色调为基底，木饰面大量的运用，让空间由内而外地散发出自然的气息，体现主人的优雅品位。素雅的白沙发带来温柔的气质，与原木和谐的融合，变成一种温暖，又给予居住者静谧、沉稳的视觉感。在客厅中将橙色运用于抱枕之上作为点缀使用，时尚又动感。而卧室和书房则借用空间的错位，将橙色所带来的年轻活力表现得淋漓尽致。

主要材料：平面烤漆、玻璃、铁件、木地板、黑板漆、组合柜体、石木皮、地砖、木百叶

设计公司：思维空间

舒心温馨的优美家

木质入心，绿色入眼，紫色入眠，低饱和度的舒适色彩是最适宜居家生活、休息的色彩，不同的颜色变化营造满满的多彩、温馨感觉。木地板与灰墙是纯净的百搭之选，和周遭的家具、饰品都能和谐相融。儿童房里的苹果绿色墙面反映出孩子们的明媚心情，打造一个不受打扰的宁静小天地。卧室选用略带灰度的粉紫色，温柔却不娇媚，换来孩子们在温馨环境中整晚的安眠。

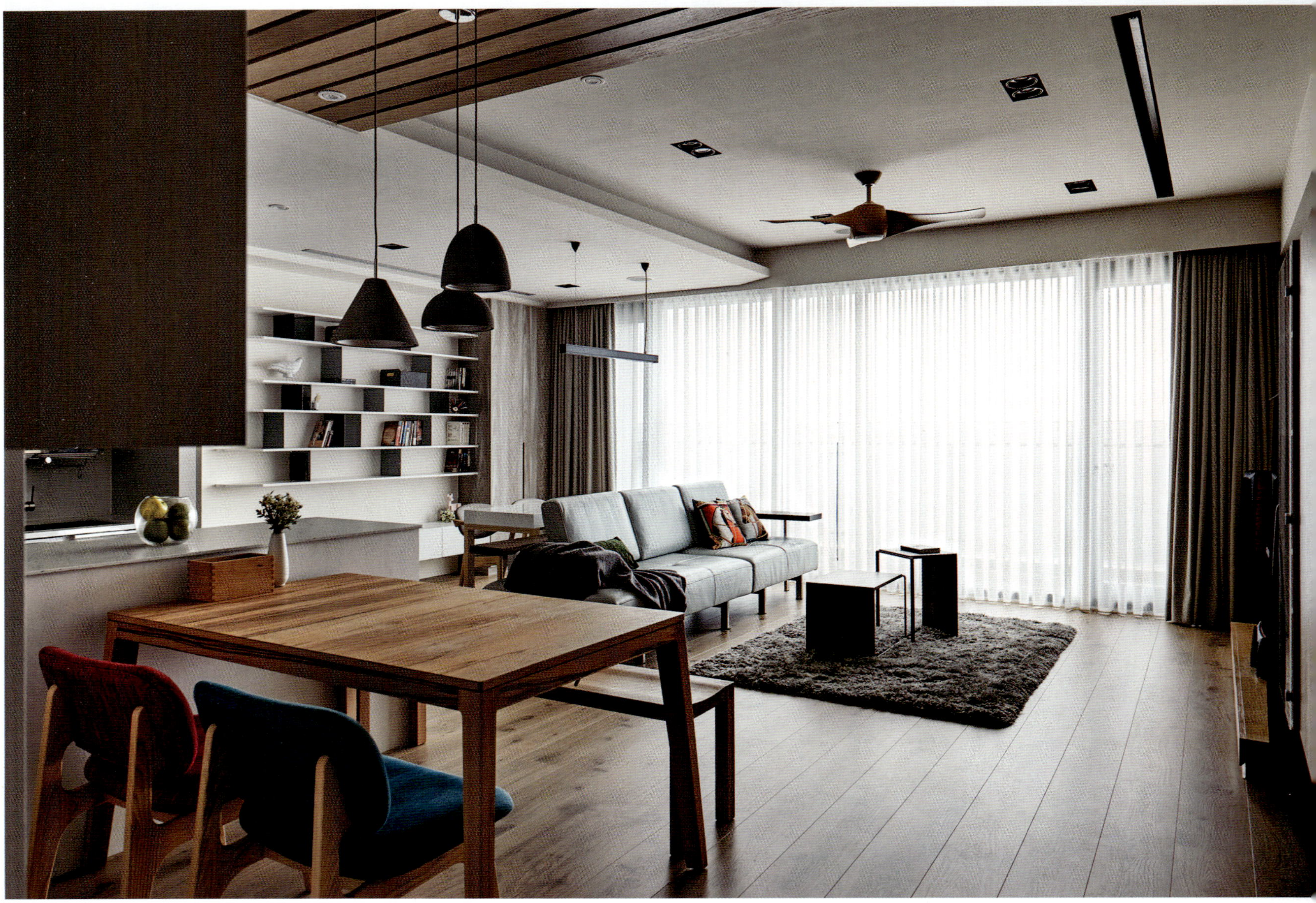

项目名称：竹北昂
地址：中国台湾
室内设计：思维空间设计
项目面积：约 109 ㎡

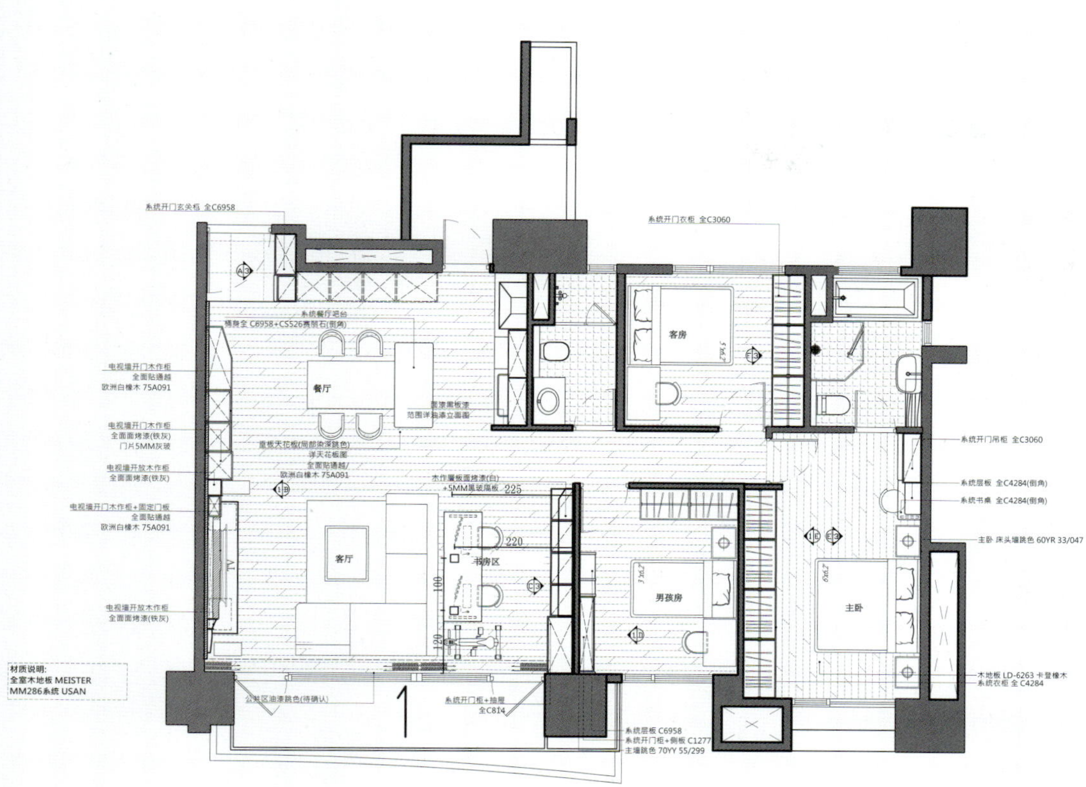

平面布置图

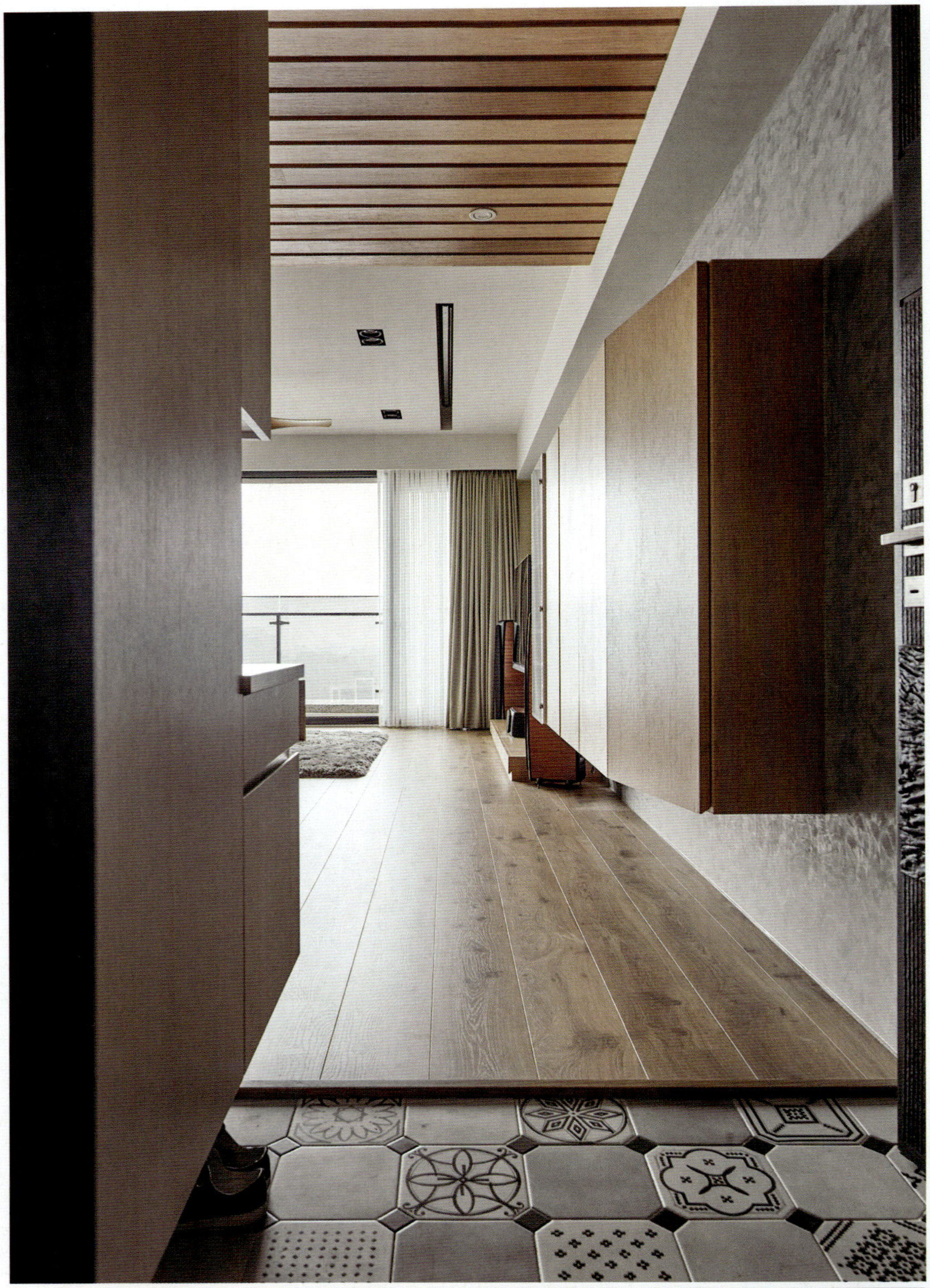

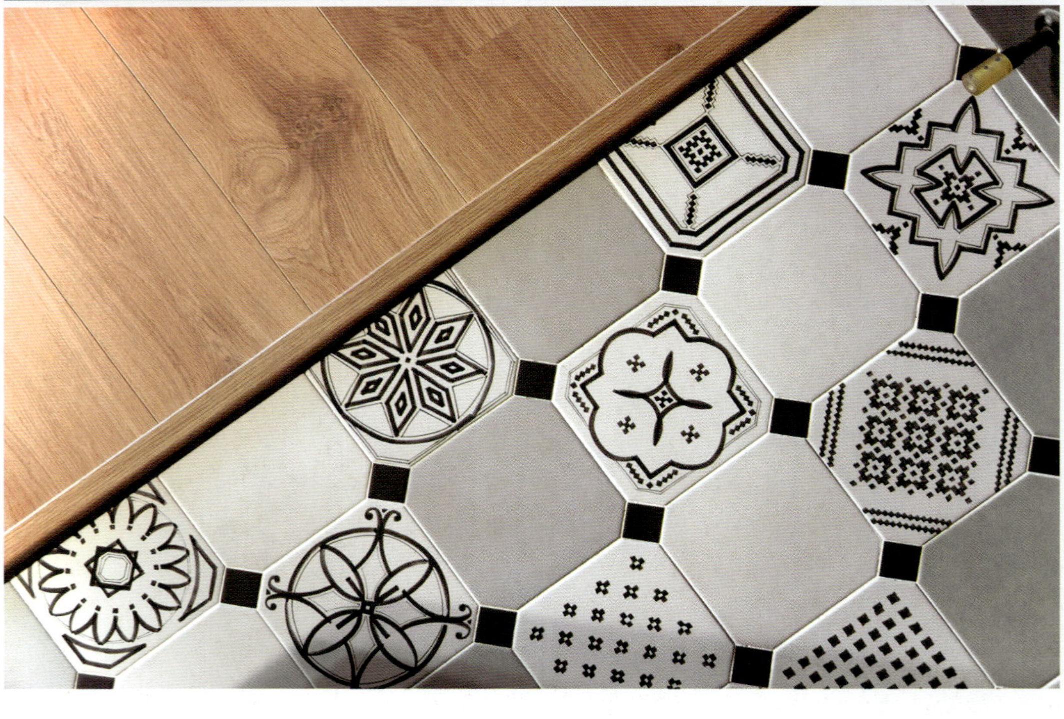

设计师利用不同材质、不同高度的吊顶，将公共区域做了简单的规划，木质的吊顶界定出玄关和餐厅的功能区域，餐桌背后的收纳柜满足了厨房和入口的收纳需求，同时也避免了开门即见餐桌的尴尬。通过降低的吊顶，设计师将沙发背后的区域规划为书房。整体开放式的格局线条利落、简洁，又能共享阳光，功能清晰，不给人压迫感。

色彩搭配

以木色为主调的空间里，灰色调的长沙发使客厅有了重心，又不会太显沉重。整体温馨、素净的公共区域，红、蓝两色的餐椅和过道处的照片墙，使空间显得时尚且有活力。主卧室选用紫灰色背景墙，显得雅致而沉静，床正面的木质墙壁则为业主营造出温馨、舒适的睡眠环境。儿童房浅绿墙面如一股清新的风，为孩子带来一个无忧无虑的童年。

主要材料：松木原木、谷仓门五金、富洛克防水漆、进口瓷砖、原有红砖、铁件、玻璃、进口系统柜、人造石、特殊跳漆、轨道灯、超耐磨木地板

设计公司：北欧建筑

简洁柔和的自然居所

于闹市中择一处静地，设计师将主轴放置在引景入室上，从而达到放大公共场域的视觉效果。借由唐代诗人孟浩然的一句“春眠不觉晓，处处闻啼鸟”，让大自然的气息能在屋内各个空间自如流动。浅色系的白与灰成为墙壁的大面积铺色，一抹淡黄色则作为卧室、浴室的辅助色，搭配温润的木头元素（如松木谷仓门、木屋饰条），打造出一个简洁、柔和的生活空间。

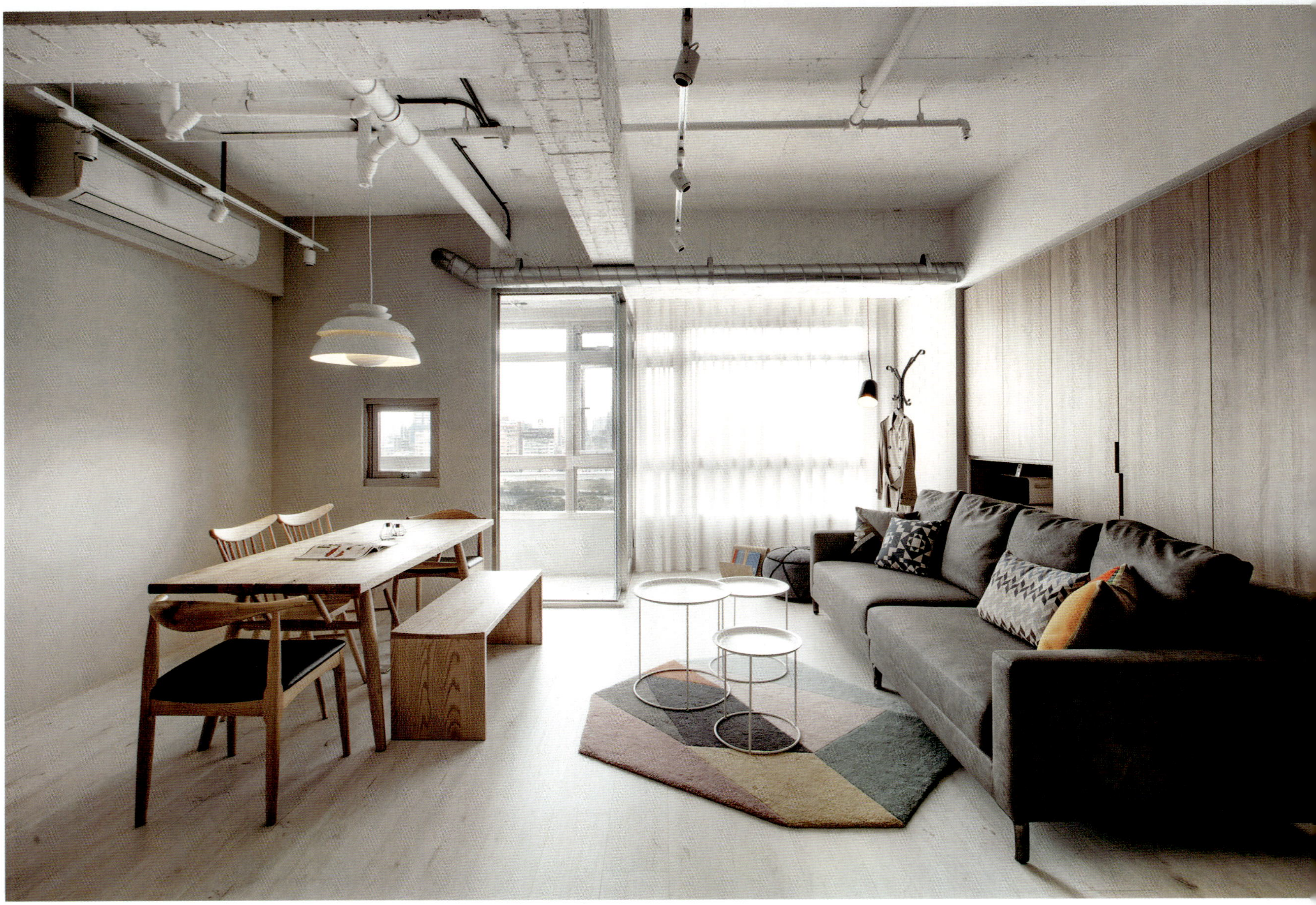

项目名称：师大蔡宅
地址：中国台湾台北市
室内设计：CONCEPT 北欧建筑
主设计师：留郁琪、黄育廷
项目面积：87 m²
摄影师：林明杰

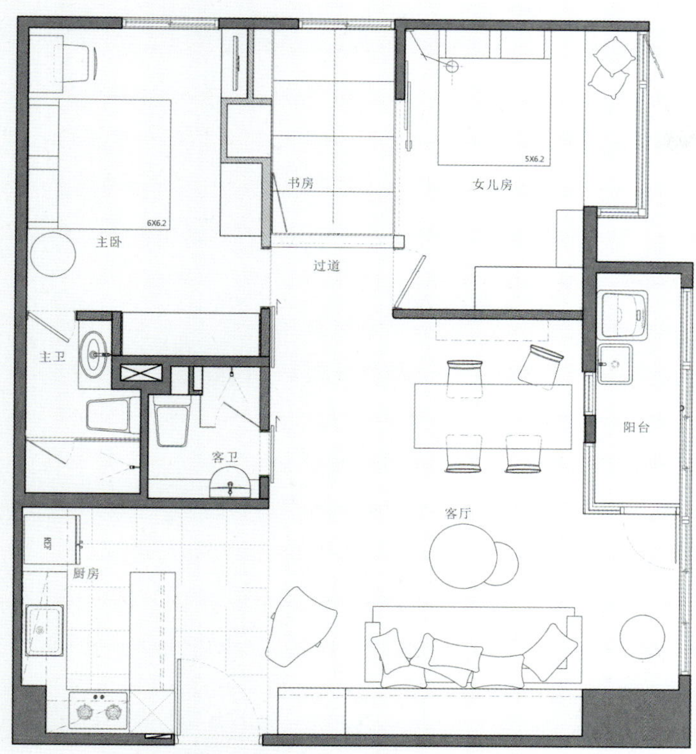

总面积：87.5m²
室内面积：84.2m²
室外面积：3.3m²

平面布置图

设计说明

在拥挤的城市中，寻找能自由呼吸的净土，大自然的绿意就是最有效的疗愈方式。对都市人来说，辽阔总能令人心旷神怡。本案屋内以水（流动顺畅、凝聚、回归自然）、泥土（大地精华）、树屋（原木、三角形、窗景）为三大设计元素，尤其是将充满朴质手感的农村谷仓门安置于居所当中，象征着城市人对于田园生活的浪漫向往。

材料运用

从玄关进门后沿着地面素色的八角瓷砖一直向前，最先映入眼帘的是充满手感肌理的灰色泥作墙，设计师巧妙地嵌入黑色五金板，让主人可以摆上自己喜欢的画作或是小盆栽。另外，部分墙面保留原有砖的面貌，只做单纯上色处理，将真实风味呈现在空间内。曾经到世界各国旅游的夫妻对于谷仓门情有独钟，针对这一点，设计师特别定做带有 Loft 风格的松木谷仓门，并使用推拉门的方式让生活动线更加顺畅。

自然/采光

设计师以化繁为简、回归自然为设计核心，摒除室内多余的隔间与装潢，让居住空间与户外绿意相互呼应。客厅的落地窗、白纱帘、透明玻璃门及早已铺就的大面积白色调成为公共区域引光入室的巧思。低矮的腰窗让台北的河景映入眼帘，也为室内提供了良好的采光及通风条件。玻璃推拉门的设计让室内开敞透亮，同时也让公私领域空间得以充分延伸。

设计公司：零次方

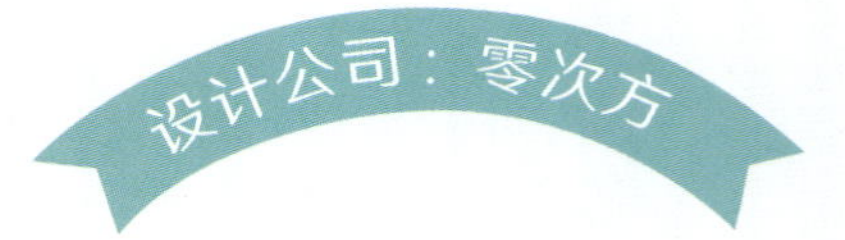

静享清新慢生活

纯白色亚麻窗帘自然垂坠，丰富的肌理内涵在不经意间展现优雅的线条美感，透光的设计将清晨第一缕阳光洒进这个充满爱的空间中。点缀于沙发上的粗线针织靠枕用色彩丰富了居室环境，床上的皱褶绸缎面料靠枕舒适亲肤，柔软的海绵填充让疲惫的身躯得到消除。

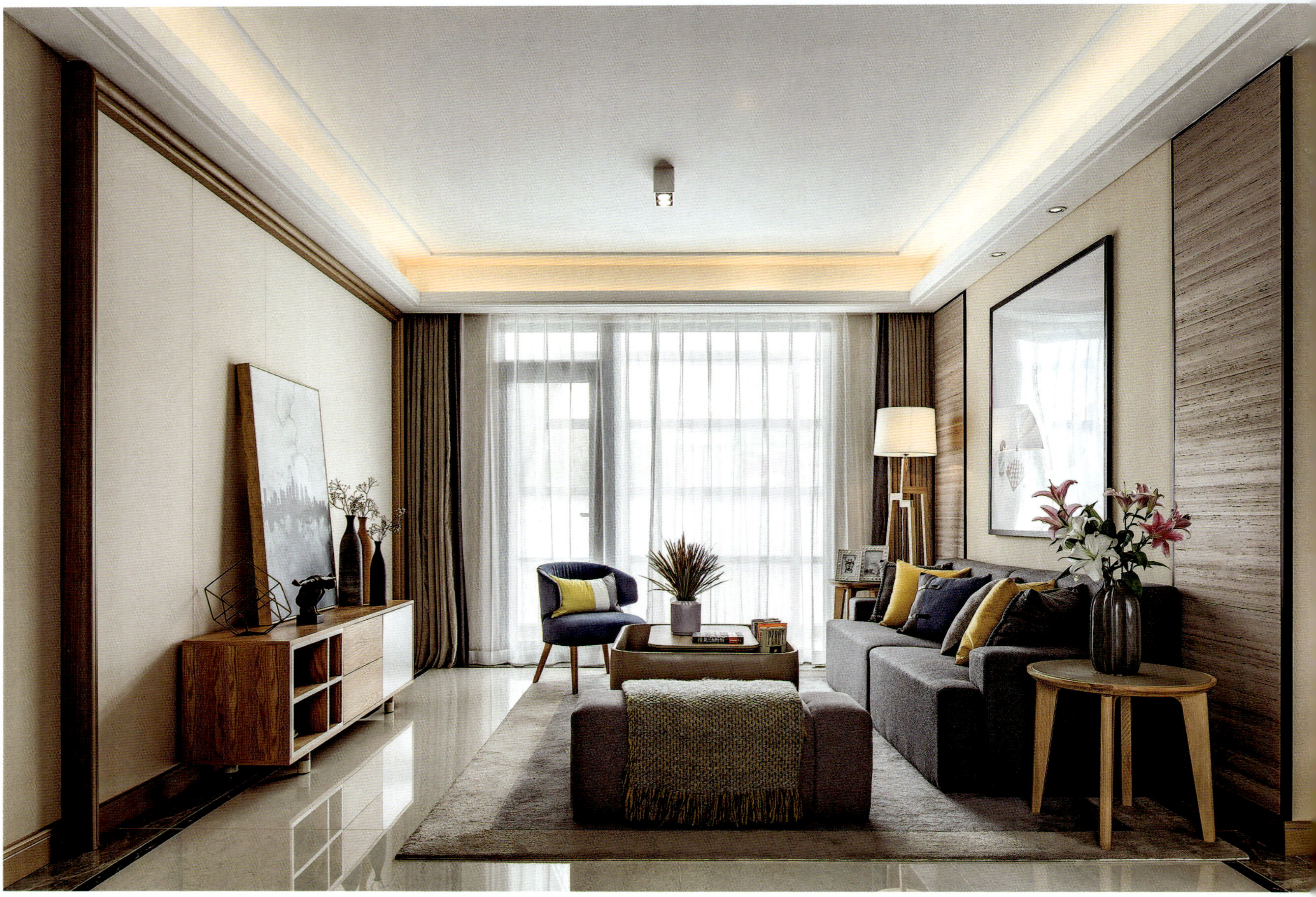

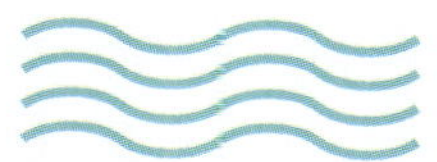

项目名称：苏州狮山当代 MOMA 样板房
地址：江苏省苏州市
设 计 公司：深圳市零次方空间设计有限公司
主 创 设 计：宋伟、王可畏、蒙晖
项目面积：102 m²

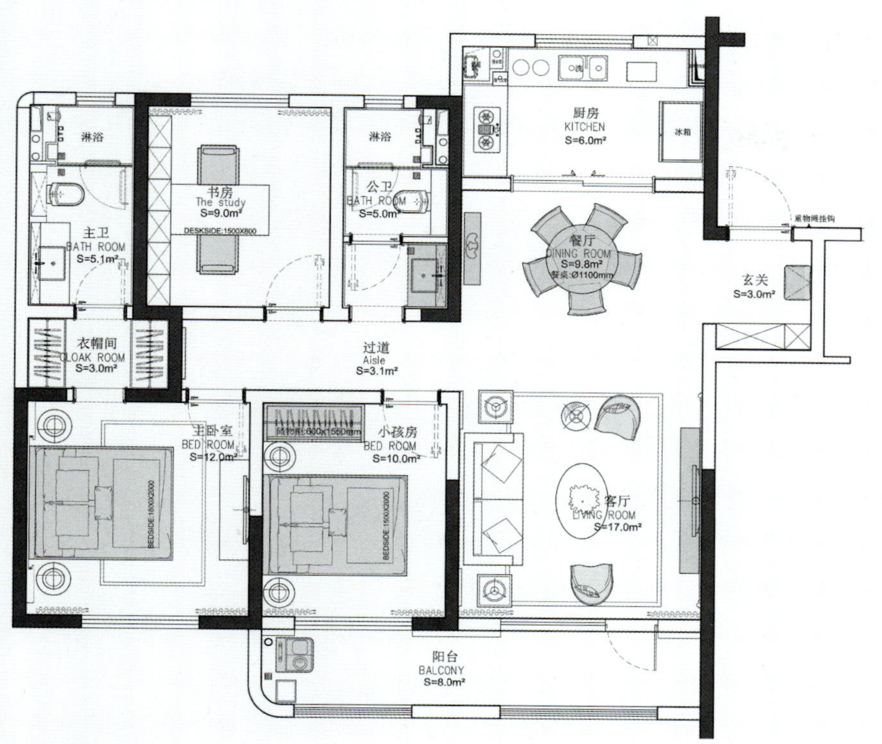

平面布置图

材料运用

入口玄关使用超大仿石材砖，奠定空间安静、优雅的基调。厨房使用频率高，因而更加关注材料环保及便利，燃气灶前不锈钢面板更利于清洁，减少厨房的工作量。主卧中，材料选材上质感至上，实木复合地板温馨、自然，纯棉的寝具及暖色的木饰面搭配，突出空间的私密、舒适之感。

设计说明

秋也许藏在金灿灿的稻穗上，也许藏在火红的柿子里，也许藏在绿油油的菜地间。秋天是收获的季节！金黄的季节——同春一样可爱，同夏一样热情，同冬一样迷人。

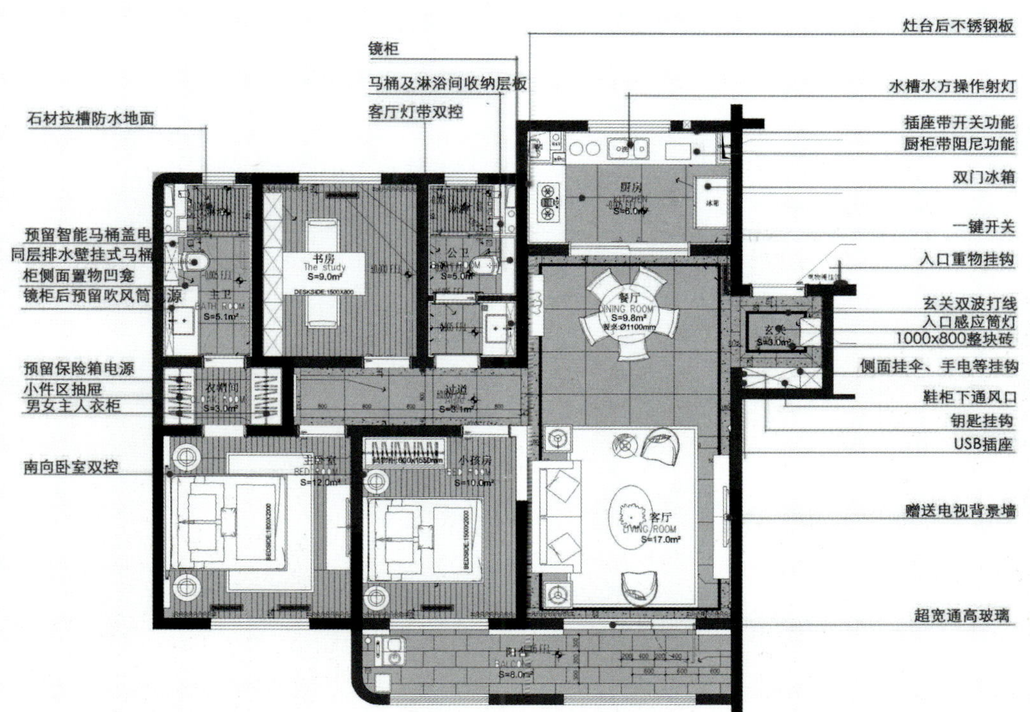

平面材料图

整个空间中，以自然的木色和稳重的灰色作为主要色调，客厅的蓝色沙发椅和姜黄色抱枕作为色彩的点缀，清新的色彩搭配，体现主人的个性及品位。儿童房中，黄色的床头设计满满活力，充满对未来憧憬的蓝色帆船壁纸，是父母对孩子未来的美好期许。

软装配饰

客厅软装单纯而明快，明确而强烈，客、餐厅的人性化细节主要体现在设计师款式的单椅和电视柜上面的高低错落的套组花瓶上。主卧中一捧金色麦浪般的小黄花，仿佛是葡萄树上雀跃的黄鹂鸟，唤起了人们的青春记忆。一体化吊顶，顶棚角线是定制成品石膏线，有细节感。墙上极具温馨家庭气息的父爱暖男挂画，像极了洋洋洒洒的秋日阳光。温暖漫散在这屋子里，笼罩着整个房间。

主要材料：爵士白大理石、乳胶漆、瓷砖、木地板、饰面板

主设计师：刘玉玺

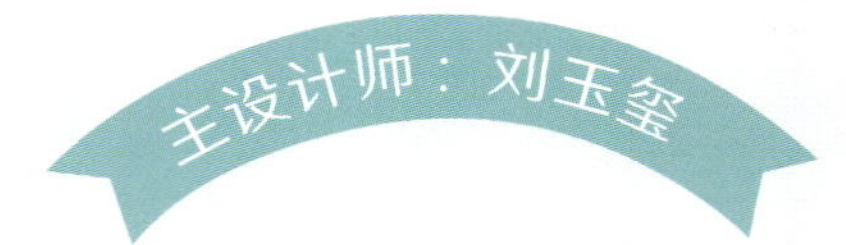

游走于黑白格间

黑白格图案由钢琴琴键的形态演化而成，运用在居室中往往能呈现出新鲜的面貌。因黑白色彩的自身特性加上矩形简约的形态，赋予了黑白格纹永恒又新潮的独特魅力，居室中沙发靠枕的搭配、柜门的装饰图案，乃至餐垫的编织纹样，在布艺沙发、木质家具的碰撞下彰显出都市的时髦感。

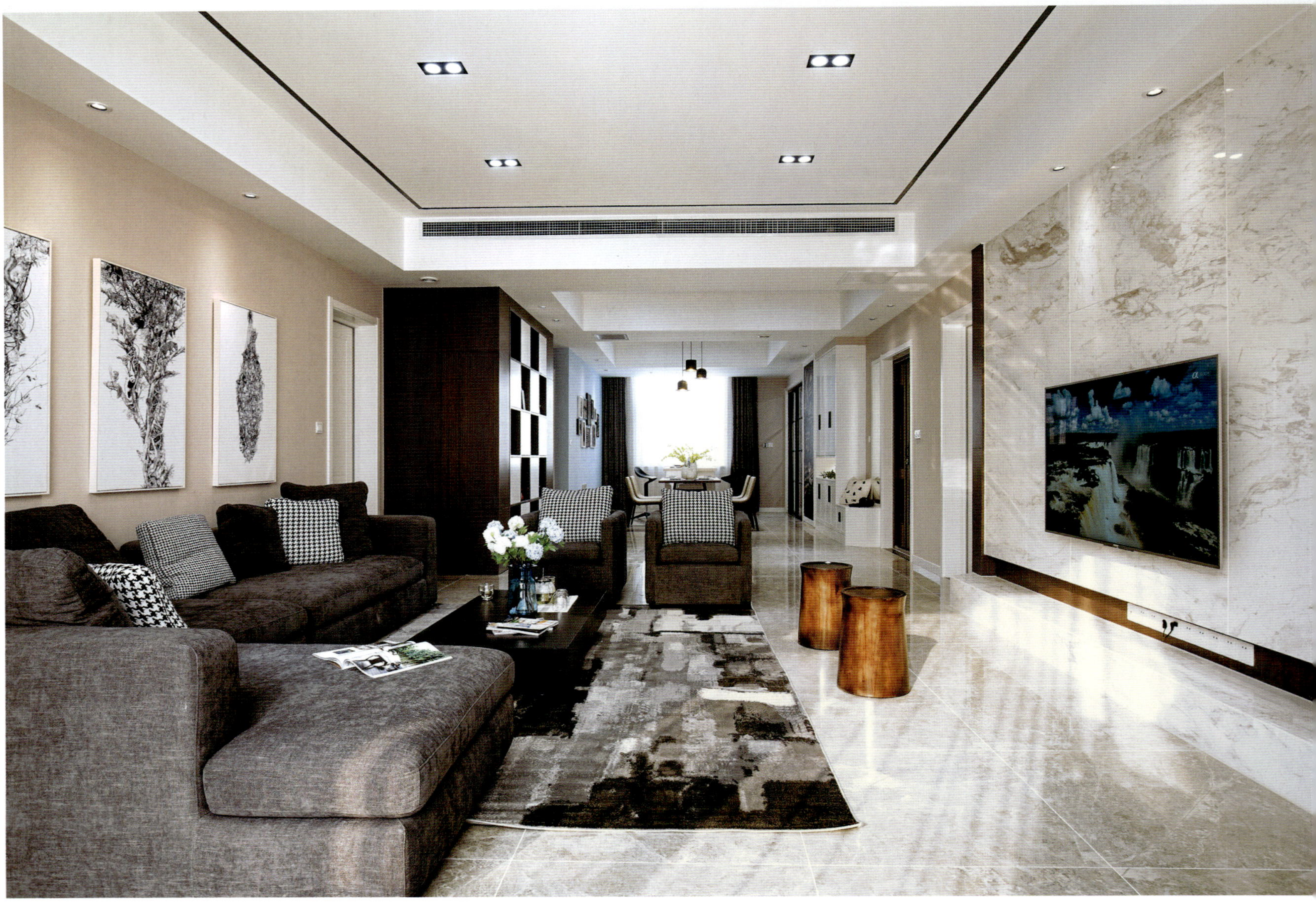

项目名称：钢琴诗
地址：山东省淄博市曦园
设计公司：云上译舍室内设计有限公司
设计师：刘玉玺
项目面积：209 ㎡
摄影师：刘玉玺

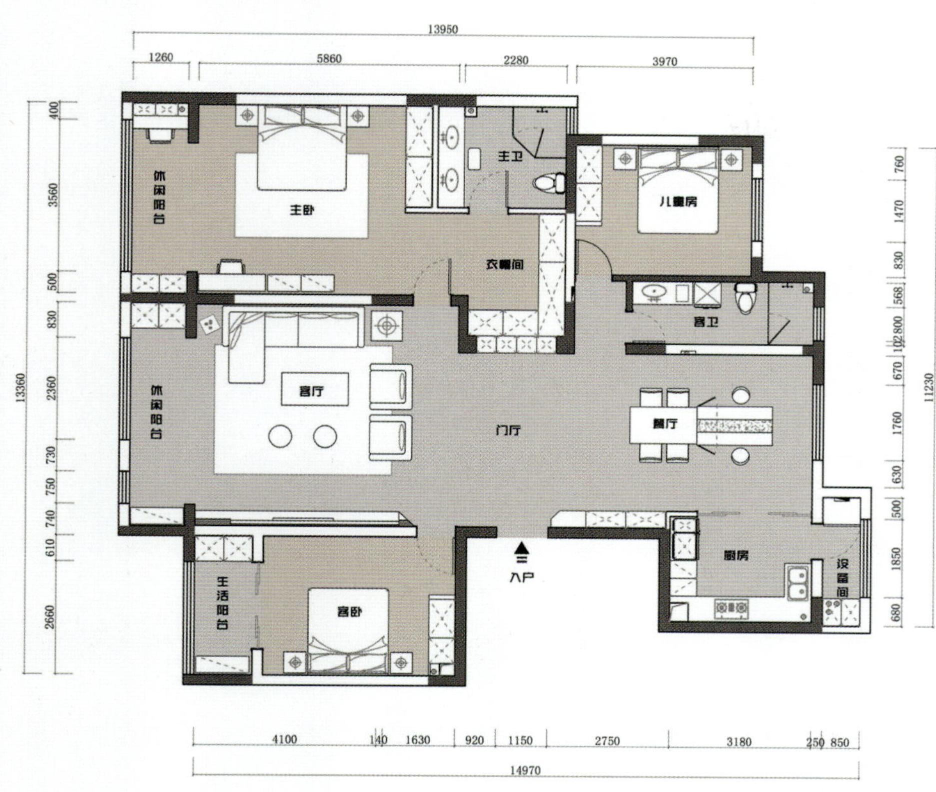

平面布置图

材料/运用

入户玄关采用实木饰面板做两侧墙饰，暖灰和白色相间的方格形成错落对比，兼备展示功能和美观效果，免把手的白色门板采用磁碰五金与柜体连接，保证了门板的整洁度。影视墙材质采用了实木饰面板与天然爵士白大理石，简约极致的造型，舍去了传统电视柜的形式，使得影视墙简约而不失气质。

色彩搭配

客厅灰色调的沙发和灰色亮面砖的使用奠定了整个空间的色彩基调。餐厅区湖蓝色的墙面使空间充满清新气息，黑板墙可以记录生活日常，涂鸦出生活的气息。黑色爵士帽装饰吊灯，点缀暖色灯光，为餐厅和休闲吧台区域增添一份情调。

Be self cnfident
HAME BREAKFAST WITH YOU
记忆甜美时光
What ever with the past has gone, the best is always yet to come!

设计公司：HAO Design

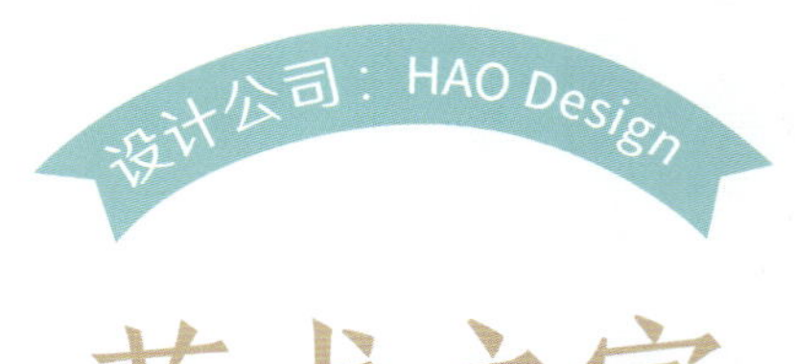

艺术之家

设计师不仅充分运用户外端景的特殊性，还用半露天的玻璃房檐搭配仿旧雨淋板墙，让居室在清晨时刻是南国庭园，绿影摇摆。一到傍晚时分，壁灯便一盏接着一盏地亮起，让欧式乡村的氛围在顷刻之间蔓延开来。业主王先生在非洲义诊时收到的各式民族风格的收藏品，也在这一片静谧之中找到新的栖身之所，让这幅光景多了一份意犹未尽的美丽。

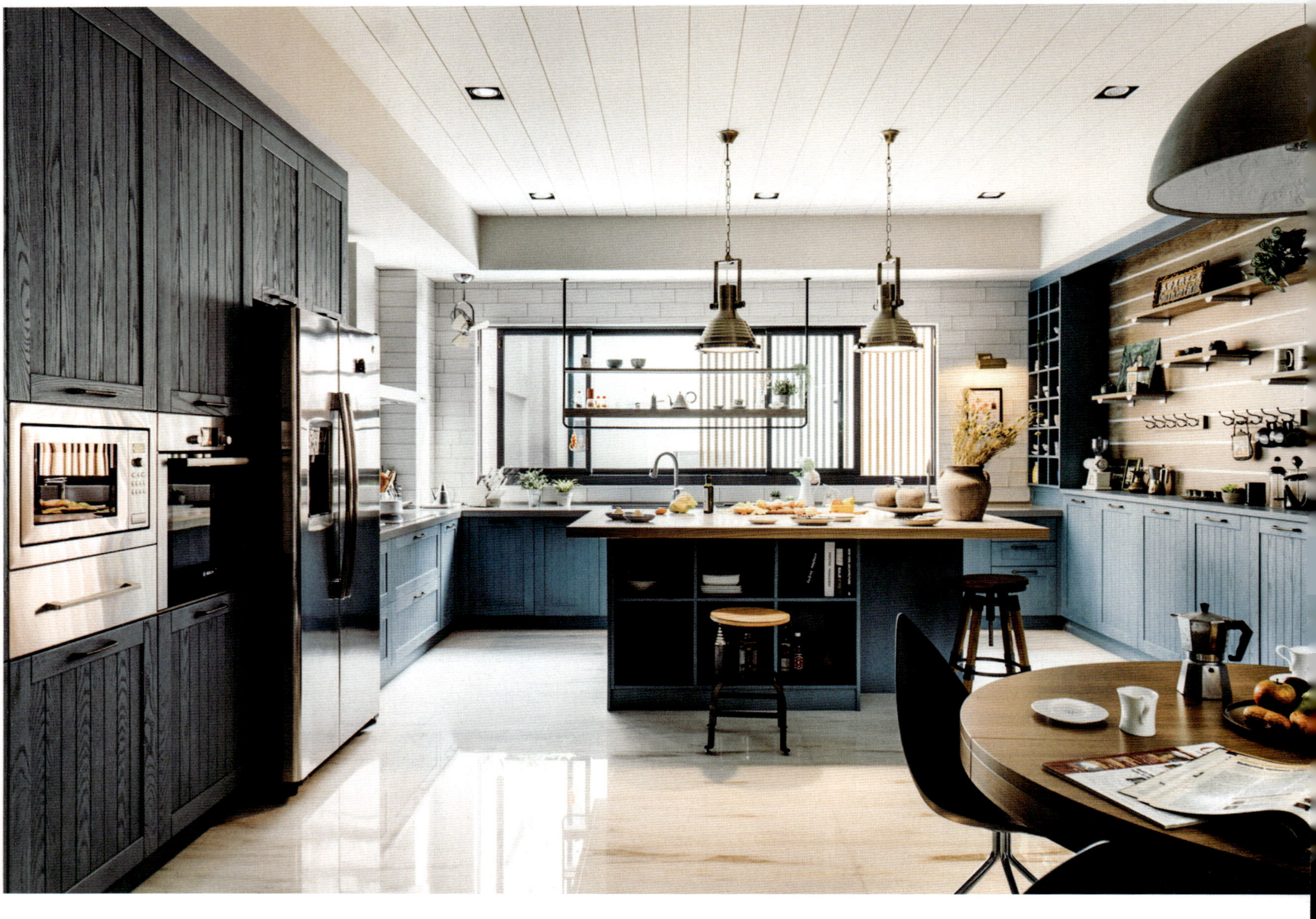

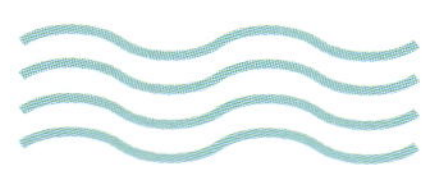

项目名称：The Bridge Home
地址：中国台湾台南市
室内设计：HAO Design
项目面积：785.0 ㎡

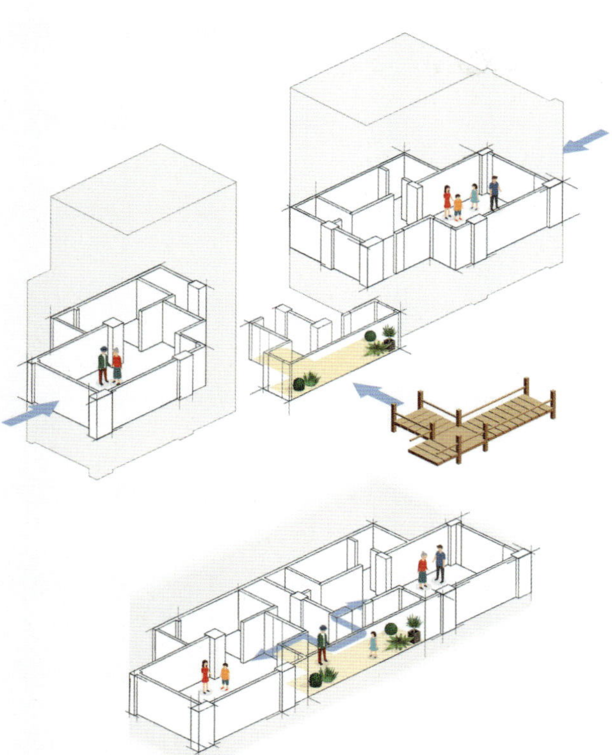

立面图

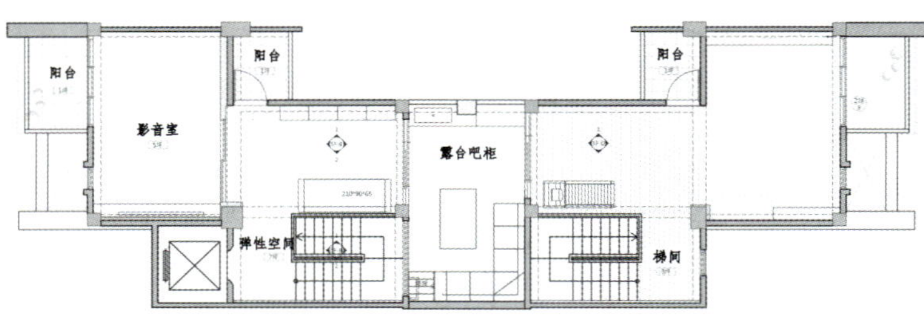

5F平面图
总室内面积：118.8m^2

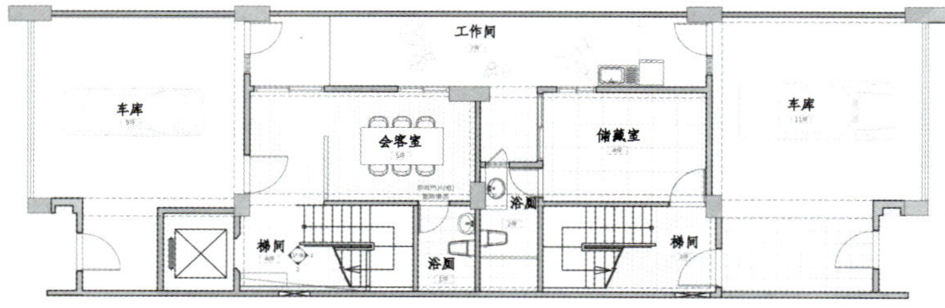

1F平面图
总室内面积：156.8m^2

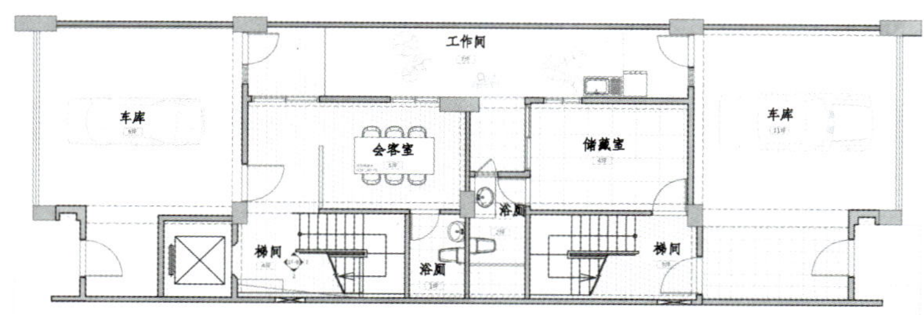

1F平面图
总室内面积：156.8m^2

设计说明

因为热爱生活，业主王先生对家的想象有着清晰的轮廓。为了给家人一个完美的生活空间，业主带着对幸福未来的憧憬来到设计师面前。业主的公寓前栋面东，早晨暖意浓浓；后栋面西，午后舒适怡人。

设计师考量业主家人之间的亲情，最终决定搭建一座连接前后两楼的桥梁，让王家对新生活的美好梦想得以实现。

开放式厨房中设有宽大的中岛，让爱料理的女主人在为家人制作美食时可以自由穿行。走过长长的廊道，可以看见半掩的玻璃门后的知识殿堂——书房，红砖拱呼应来时经过的桥梁。一路来到五层，抹茶绿拉门背后是打破常规装饰的和式风格的客厅，这是于各楼层之中创建出的相聚空间。两栋楼的的连接处，半露天的设计方案带来了完美采光，令人向往的户外料理区的营建一气呵成。一旁连接着艺术气息浓厚的画室，让热爱创作的一家人可以在此尽情地展示自己的画艺。为了不让宽敞的大房子拉开家人之间的距离，设计师决定充分利用建筑空间。走进大门，一路前往二层，前栋是开放式厨房，后栋是大书房，往外延伸，非常适合实现设计师所期待的连接构想。

不同的功能区被分设于东西朝向、彼此分离的两座公寓楼内，由于不同家庭成员的卧室分设在三至五层，设计师决定将改造的重点放在带有共用餐厅与书房的二楼。在两栋建筑之间，设计师搭建一座桥梁连接两栋建筑。它的东、西、北三面都与室内空间充分连通，让原先独立设置的餐厅与书房，巧妙地连接到了一起。设计师还刻意在转角处开了窗，自厨房望向书房，木板搭建的桥梁让家人知道在相隔不远处总有令人心安的陪伴。从书房看向厨房，饭菜的味道捕获家人的嗅觉，让女主人忙碌的身影成为日常最美好的画面。

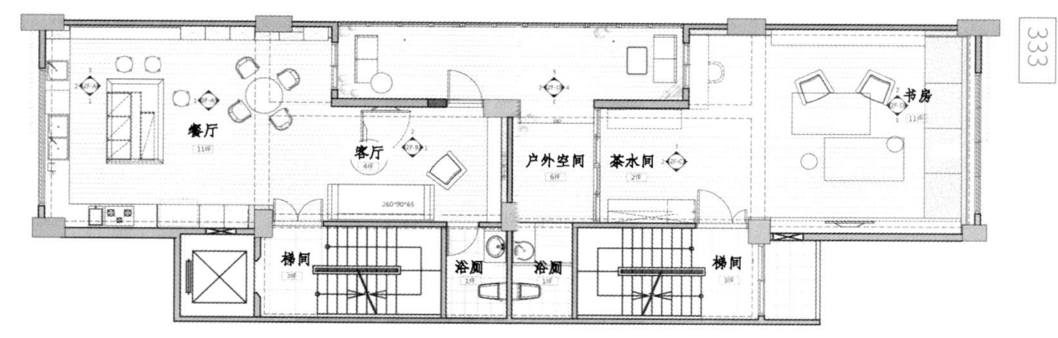

2F平面图
总室内面积：145.2m²

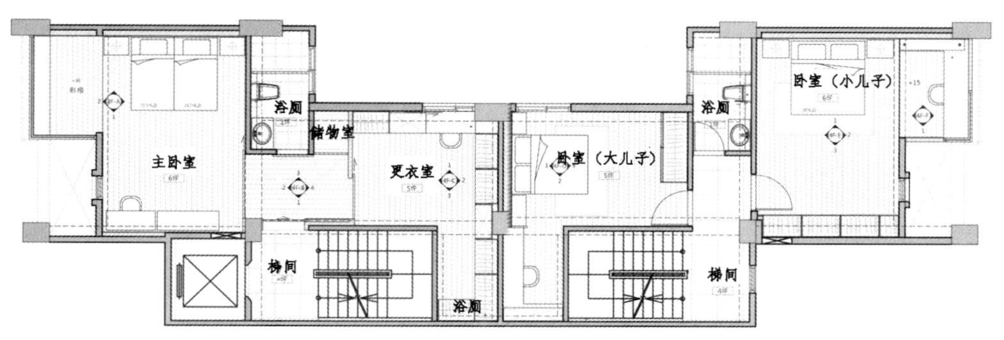

4F平面图
总室内面积：118.8m²

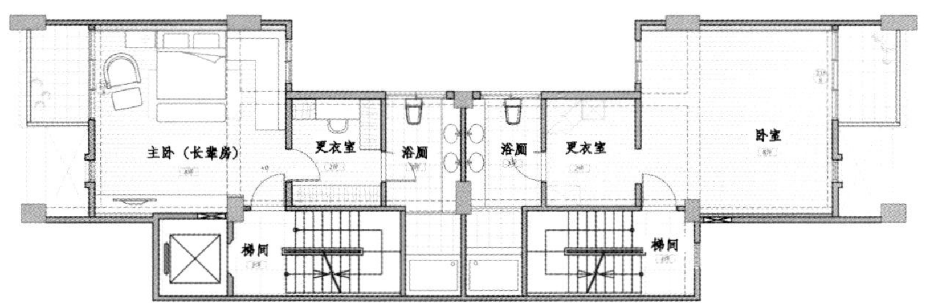

3F平面图
总室内面积：118.8m²

材料/运用

为了让不同的空间成为连续的整体，大量使用的木料也被设计师运用到了桥的连接部分，书房一侧墙面则专门采用裸露的红砖与质朴的木料相互呼应。悬挂于桥梁玻璃顶部的水鸭蓝布料，在色彩上呼应了餐厅的橱柜、沙发与瓷砖，为整个空间带来了一丝海洋气息。

如果说，公共区域给予家人的是彼此交流的温暖，那么关上门后，私人领域便是独树一帜的自我。长子房一整面仿美式置物柜的衣橱，搭配灰绿色墙面，呈现出运动男子的阳光率性。次子房个性十足，床头的工业风吊灯勾勒出新世代的与众不同。王先生、王太太房用两张单人床取代双人床，更贴近彼此生活习惯。再佐以饼干块垫，活泼的花色可以自由拼凑，更可以于季节之间任意变换。延伸出去的卧榻，则完整属于各自的阅读角落。设计师深谙王先生一家人对于回忆重现的重视，以老照片、日积月累的画作妆点，让老故事与新房子之间进行对话，同时也让旧有收藏拥有新的容身之处。

剩下的空间尽管设计各有差异，不过淡雅的家具与木制元素的出色运用，给空间增添了不少舒适感。而设计师同样注重细节，比如形态多样的灯饰、带有民俗风味的吊扇、矮木桩与垫子等，则为简洁的整体加入了一些惊喜。

主要材料：树之园家具、多乐士乳胶漆、欣诺橱柜、达米亚瓷砖、卢森地板、鑫家门、汉斯格雅、科勒洁具、哥伦布窗帘

主设计师：毛美玲

跃动的几何阳光

设计师强调室内空间的宽敞，最大程度地保证了整个空间的南北通透。客厅开敞的大阳台搭配明亮、清爽的白色纱帘，以及餐厅一侧大面积的落地窗，都为公区域最大限度地引入室外的自然光线。另一方面，线条简洁的卡通装饰画是空间一大亮点。特别是主卧床头一幅以羽毛题材的画作，更是成为私人领域的点睛之笔。每天一睁开眼睛，就可以看到自然和艺术，感受诗情画意的环绕。

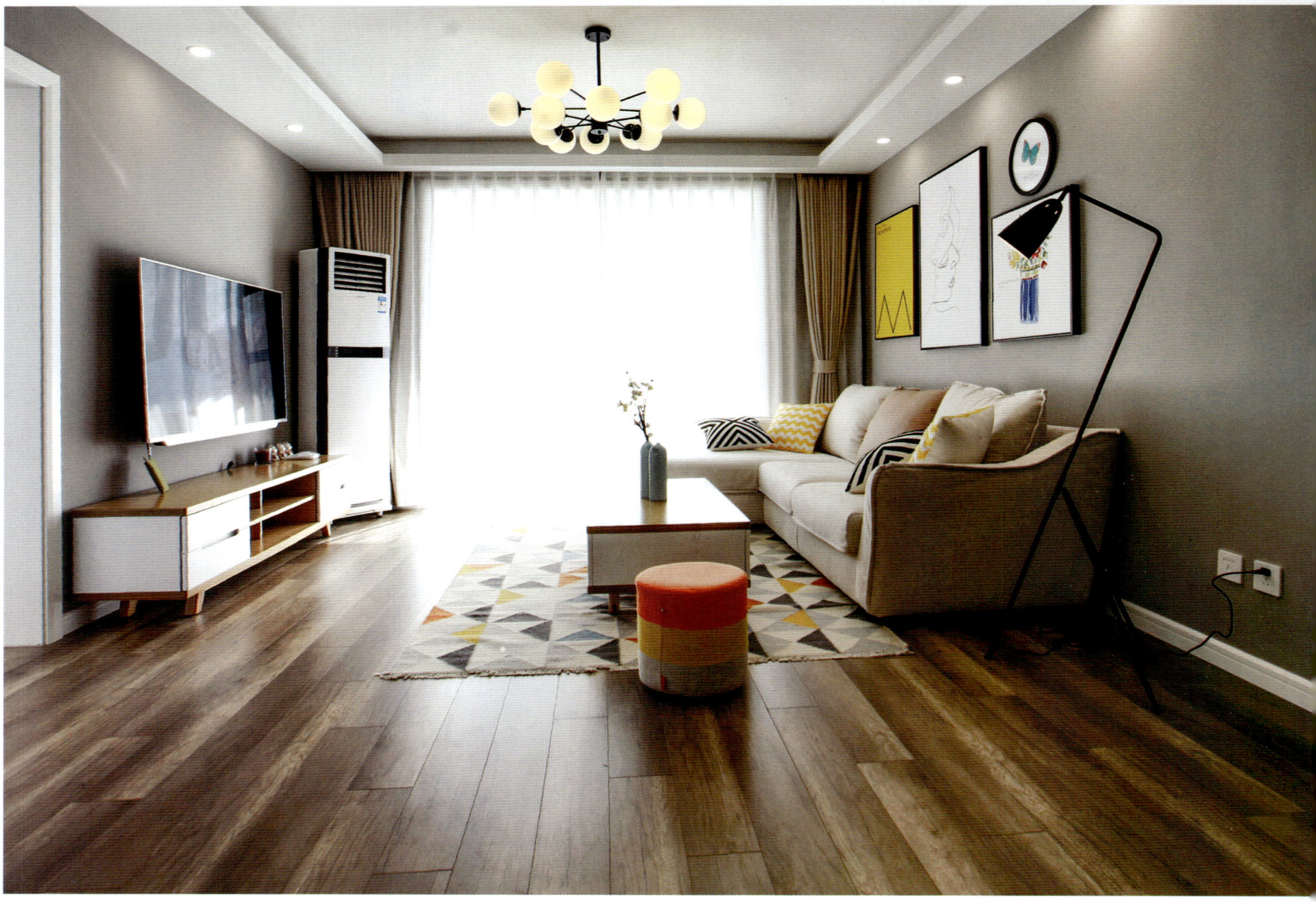

项目名称：蓝域 · 中星长岛苑
地址：上海市兰城路 115 弄
室内设计：大炎演绎
设计师：毛美玲
项目面积：106 ㎡
摄影师：飒小留

客厅、餐厅用浅灰色的墙面打底，搭配柔软而舒适的白色布艺沙发和造型简洁的几何花纹地毯，少许亮色让空间更显活泼。餐厅一侧卡座上几个绿色、黄橙色的小靠垫，搭配线条流畅的原木餐桌椅及充满童趣的挂画，空间更添几许朴素的韵味，也见证着一家三口其乐融融的就餐场景。主卧则以浅橙色和木色系主打，床上橙色的条纹抱枕呼应着浅橙色的窗帘布，搭配拥有简洁的线条的木色地板、床头柜，营造出舒适、安静的休憩氛围。

设计说明

女主人是个细腻的姑娘，她倾心的家，不要多余的装饰、繁复的花纹、华丽的色彩，一切随心。设计师深受客户信任，根据业主需求打造了一个清新文艺的北欧风之家。整个房间的地板、书桌、书架、橱柜，均采用未经精细加工的原木，从而最大限度地保留木材的原始色彩和质感，独特的装饰效果也让整个空间都充满了大自然的气息。

收纳/布局

本案原进户大门正对着过道，设计师改变原有格局，通过增加过道空间墙来打造进户的玄关。原公共区域储物空间比较少，设计师便在客厅现场制作储物柜体，让空间既美观时尚又具有实用性。餐厅则采用卡座的形式，让储物空间大大增加。原主卧偏小，卫生间则较大，设计师把主卧墙体改造进而扩大空间。其中，新设置的步入式衣帽间极大地满足了女主人对卧室储物的需求。

主要材料：大理石、薄铜板、瓷砖、墙布、壁纸

主设计师：熊艳华

盗梦空间

本案以电影《盗梦空间》为创作灵感，整个空间的流线犹如一部正在放映的影片，让你仿若置身于梦境一般。人们关注设计，不仅因其抽象化的艺术呈现，更针对不同使用者生活状态开展塑造的内核。根据不同环境所做的改变，与情感呼应、与心灵对话，并利用光、风等元素创造活力，唯有如此，空间才具有“本位”意识，才能触动灵魂。

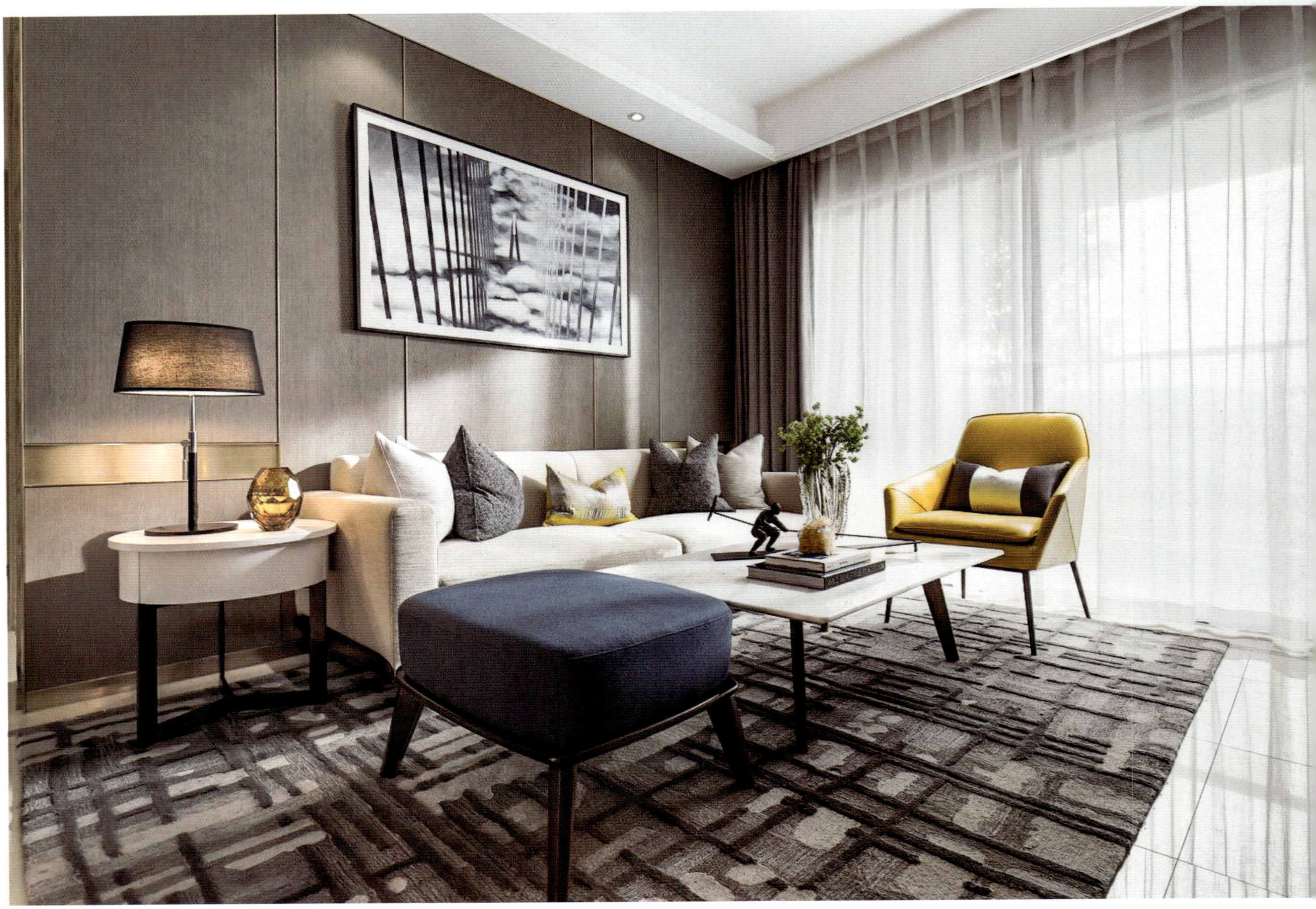

项目名称：美林湖 · 湖滨首府 A-4 户型

地址：广东省广州市

软装设计：深圳华墨国际设计有限公司

项目面积：92 ㎡

摄影师：华墨国际

色彩搭配

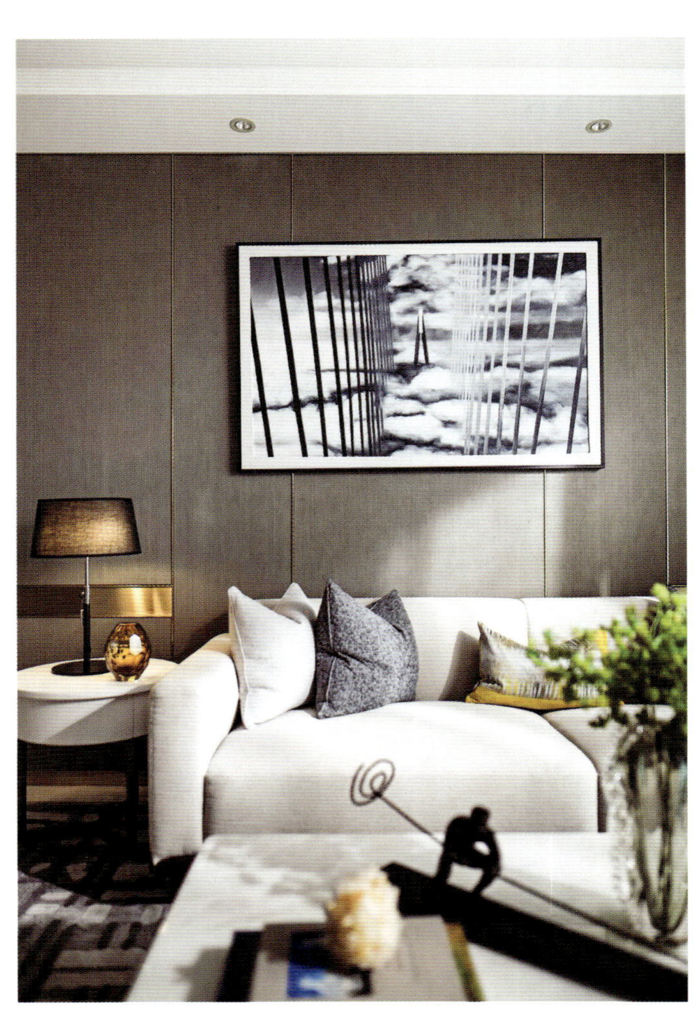

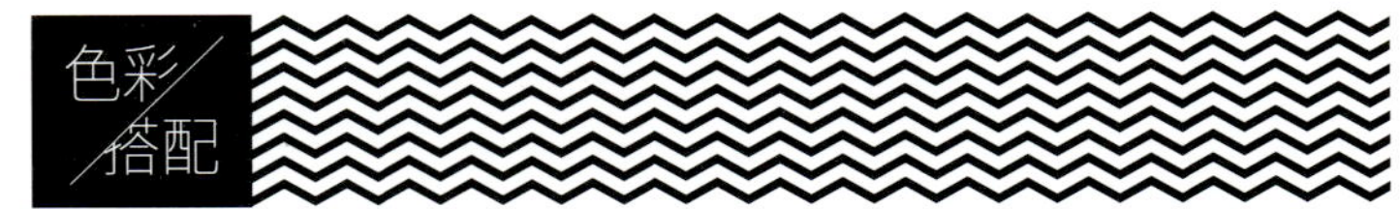

客厅以米白色为基调，部分采用黄色、灰蓝和白色的家具面料，传递出神秘、梦幻的空间气息。餐厅和客厅是一个整体空间的两部分。餐厅中与客厅同色系却不同明度与材质的黄色餐椅，即区别了不同分区的功能性，又融入整体中。搭配天然的胡桃木餐桌引人思索的装饰画，形成了雅致、舒适的空间格调。

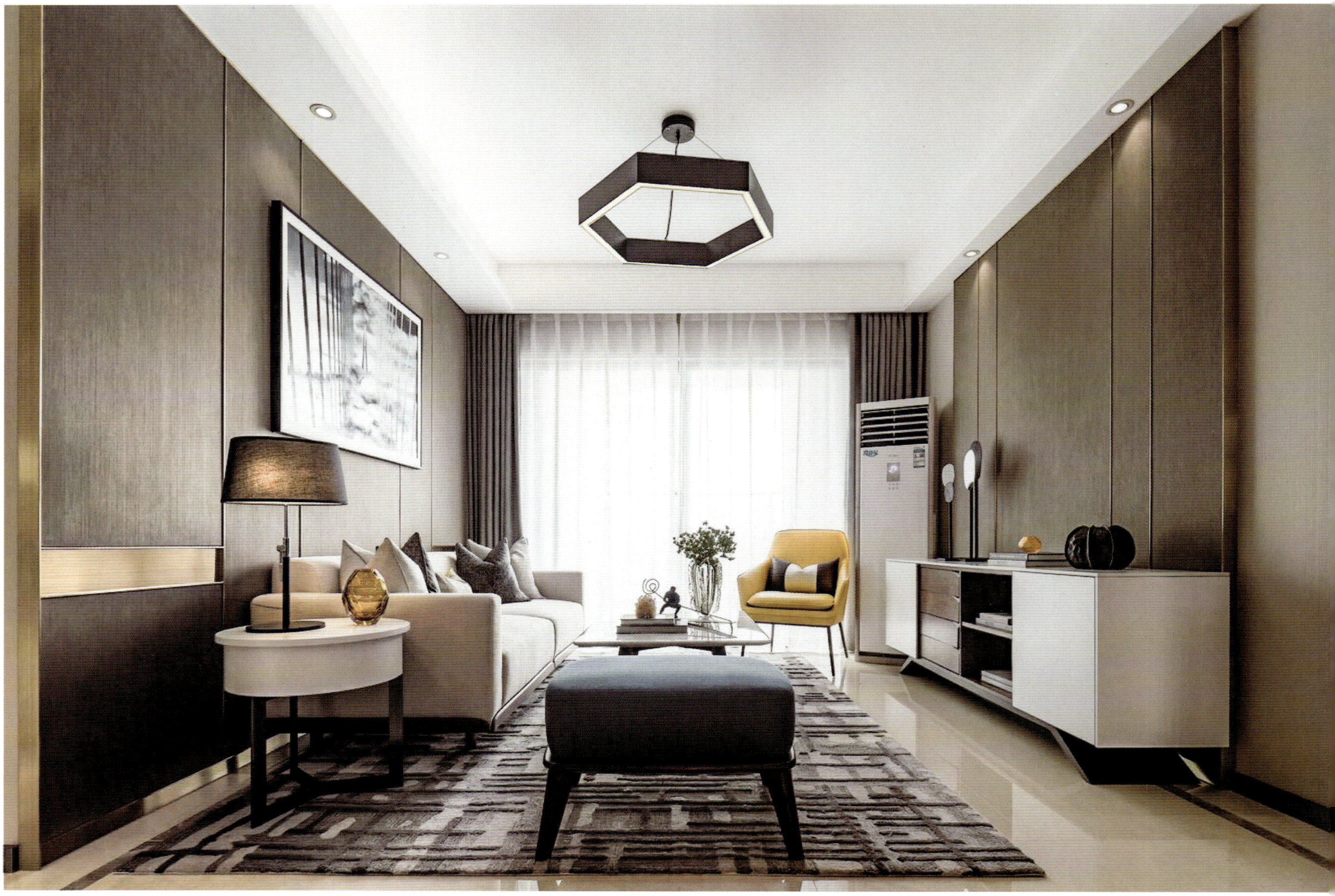

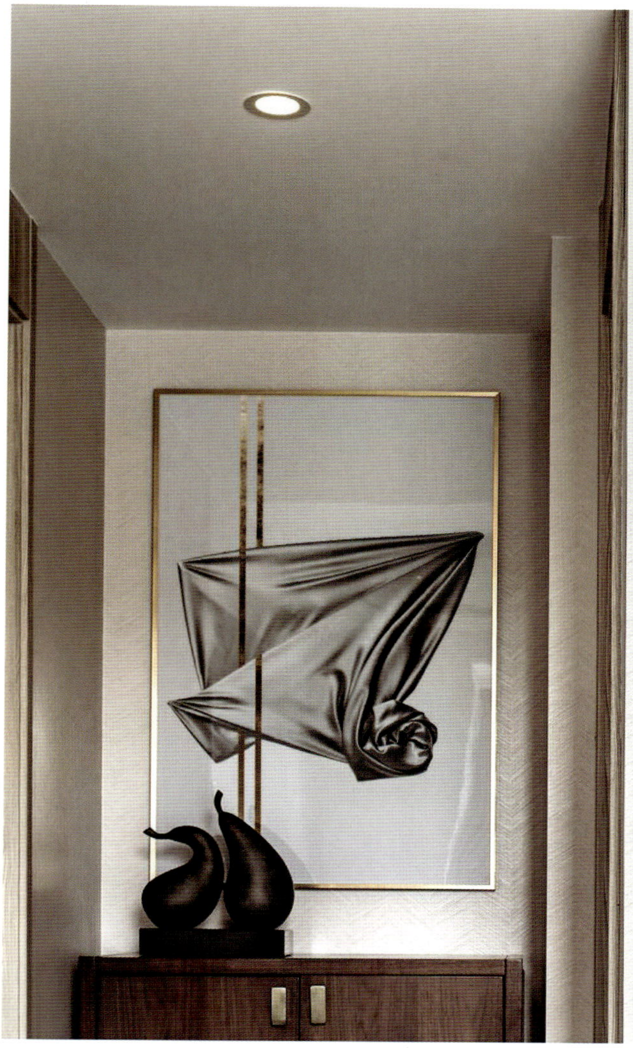

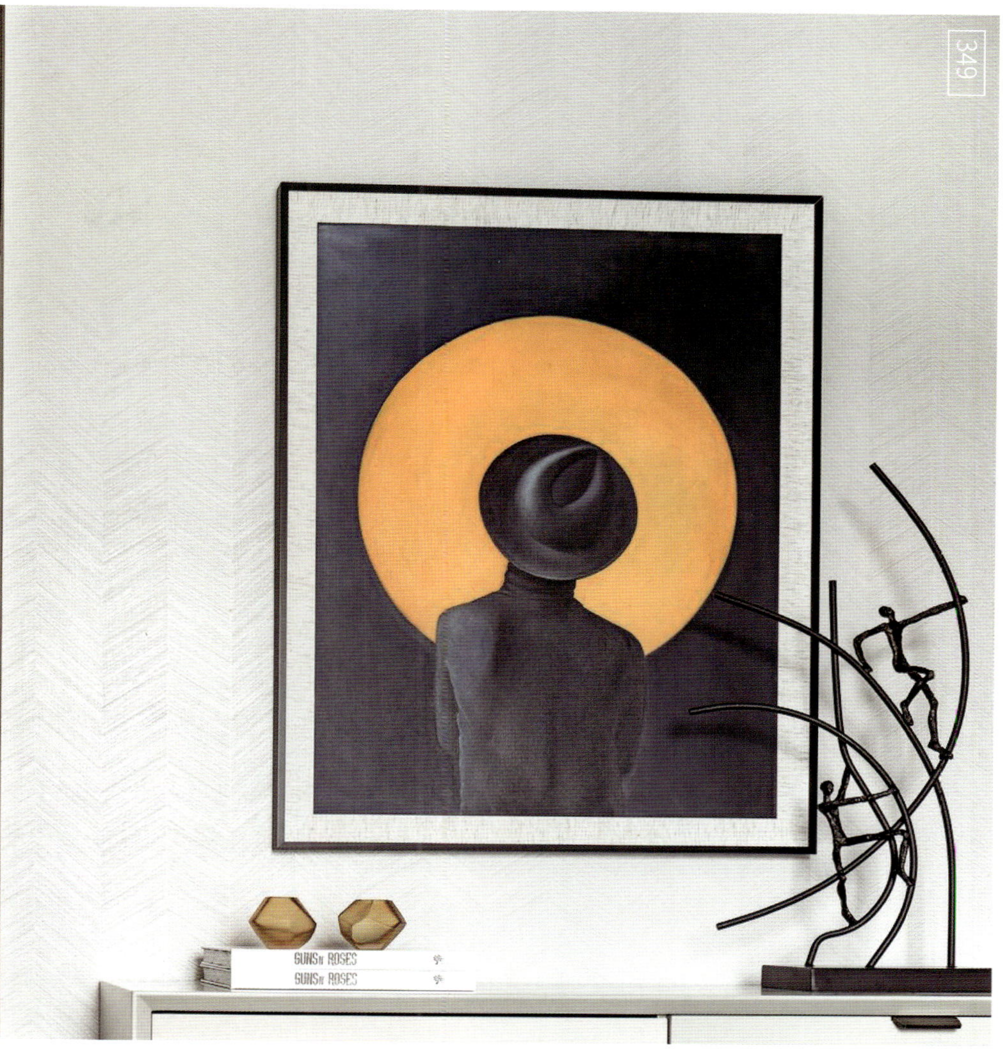
GUNS N ROSES
GUNS N ROSES

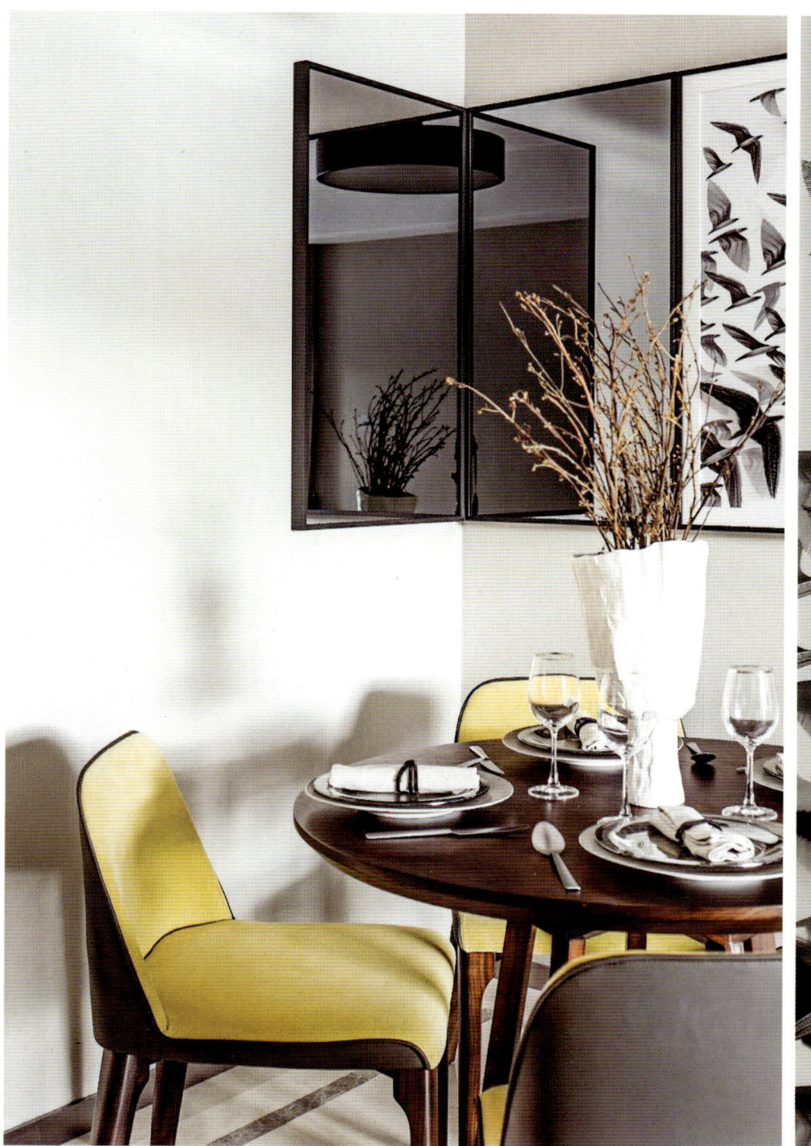

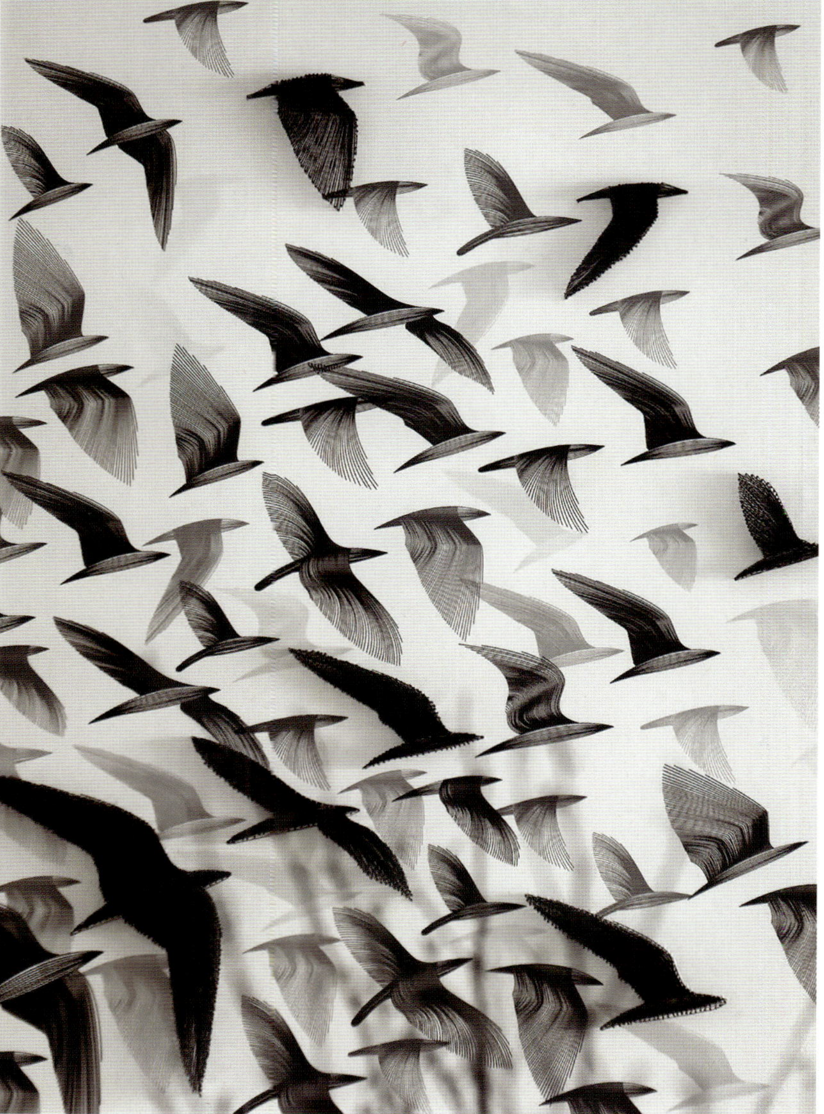

配饰元素

设计师运用别出心裁的细节设计，赋予居室温婉、细腻的情感表达。艺术画作的设计增加了空间的视觉深度，并与其他配饰细节共同赋予空间诗情画意。客厅沙发背景装饰画中的城市建筑线直耸云间，与灰黑色地毯上若隐若现的云朵造型相得益彰，美妙而生动。餐厅以飞鸟为主题的装饰画简洁、纯粹，黑、白、灰的冷色调搭配花束修长的枝丫，勾勒出一幅“寒鸟树间响”的自然画卷，营造诗意十足的空间氛围。

主要材料：理石、木饰面、无印良品家具、瓷砖等

设计公司：尚舍设计

“少”的美学价值观

少，是一种新的美学价值观。造型干净、简洁，质地清新、自然，毫无拘束的容器，包纳生活的林林总总，素朴却丰厚。去繁就简，剔除日常赘余，只留下生活必需，意味着打破传统的居住配置——审慎、罗列、冗杂。重塑清简内心，是一种安静中显露着克制的生命哲学。平实好用，意味着从器物的基础性、普遍性，去探究它的使用过程，形成一种无负担、可持续的轻松生活方式。人和物在何处交汇，生活自有答案。

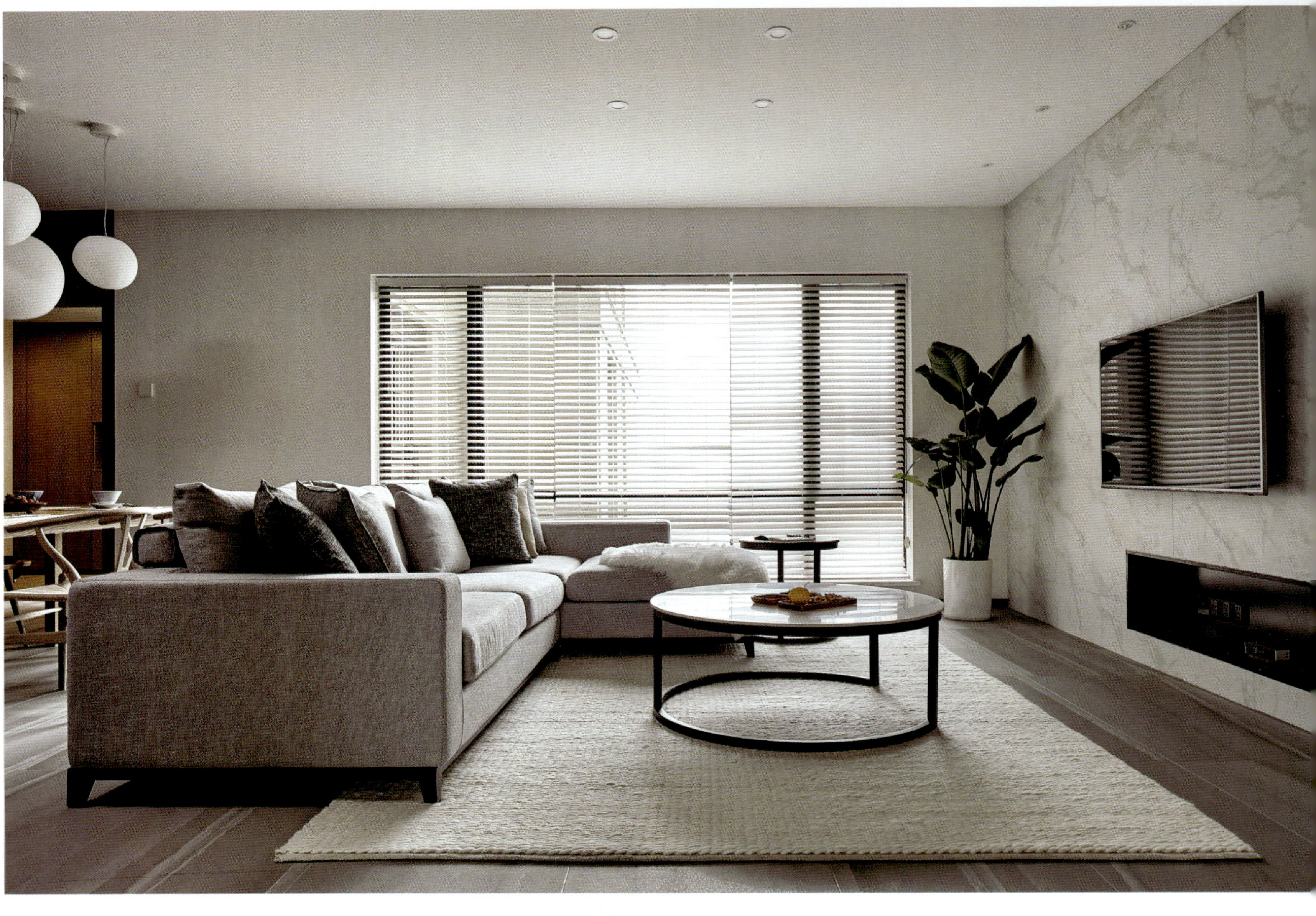

项目名称：银泰 · 泰悦湾
地址：四川省成都市
方案设计：邹敏
软装设计：刘芊妤
软装助理：唐竞
项目面积：170 m²
摄影师：赵彬

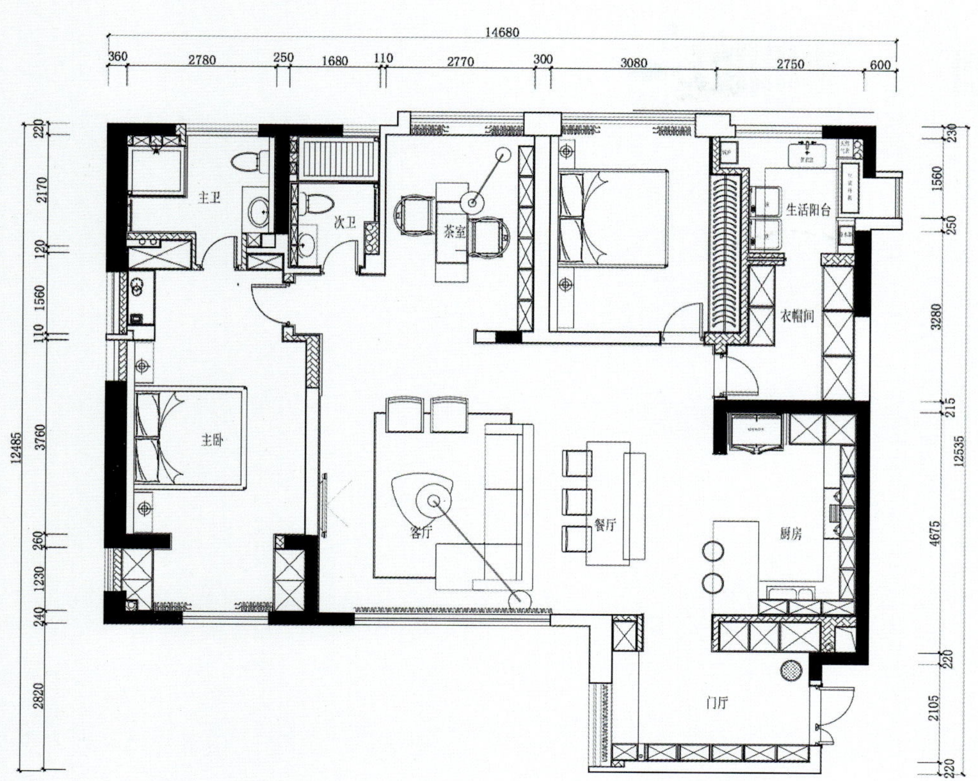

平面布置图

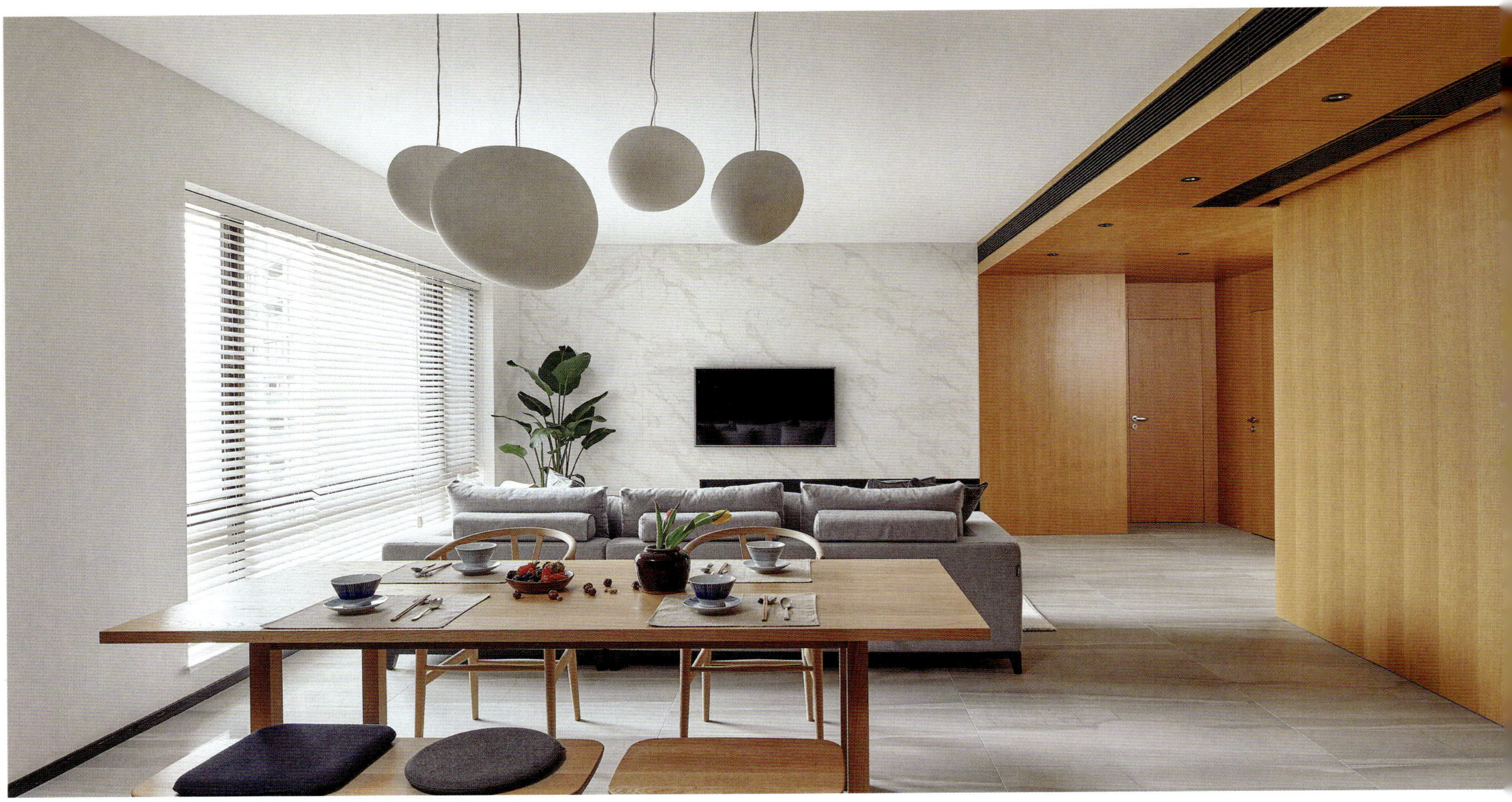

书房门口的古旧红漆边柜古朴而醒目，搭配佛手、香薰、文竹等装饰摆件，以及一幅杨枝观音装饰画，让小小的角落满溢着禅意。客厅灰色布艺长沙发、简约的圆形茶几，素雅的色调结合流畅的线条设计，彰显着极简主义的风采。餐厅古朴而雅致的原木色实木桌椅，简单而又不落俗套，搭配中式色彩装饰画、腊梅，将喧嚣隔绝门外，演绎简洁的人文空间。

设计说明

这是 90 后文艺女生的家，主人把所有日常之物收进柜中，四下散落着书本，桌上是新洗净的鲜果，屋子光洁得一尘不染。拍摄当天主人一袭简单的黑裙出镜，整个人与新居气质如一；干净、利落。

桌上躺着《外婆的道歉信》，书里写道：“外婆说，每个人的心中都应该拥有一位超级英雄。要大笑、要做梦、要与众不同。人生是一场伟大的冒险。”人生亦是场有去无回的旅行，书籍带人们走出孤岛，找寻新世界。

强调每日的快乐生活，体验细微的幸运、美好时刻，而非关注物质浮华和造型表象，是居住带给每个人的思考。一个受到访者欢迎、令人感到温暖的个性化居家空间，里面的造型单品可能屈指可数，更多的是朴实无华。这种效果的达成来源于设计师对空间的构造方式，以及所使用材料的本身质感被自然而然地保留。

简洁、明净、且恒久。选择使用经久不衰的材质来对抗那些流行的花样，被用以费力搭配的心思，都转换到了真正具有内在延续性的生活感悟之上，强大的自我也如某种意识形态，被锚定在家这个中心，当世界让人力不从心的时候，回到这里。因为，都市中最美的风景，永远是家。

本案没有做过多的装饰，一切去繁从简。但屋内的装饰品却很自然巧妙，禅意元素在各个空间生动体现。女主人在居室内摆放自己喜欢的摆件，比如富有东方韵味的插花，或是几幅简洁的挂画，这些摆件屈指可数，纯粹自然而雅致，于细微处为空间增添了丰富的人文气息。

室内色彩以简约的纯色为主，透露着极简的禅意气息。空间仿佛就是白色与原木色调和出的完美杰作，纯净之中呈现着一种淡泊、笃定的文人气息。客、餐厅用大面积的原木色与白色铺陈简约、素雅的基调，搭配米色地毯、灰色系家具，纯粹而生动。卧室也以简洁色调为主，白色、灰色、原木色，在三种颜色间转换，打造出温馨、怡人的休憩空间。

鸣谢

MZGF

MZGF 木智工坊

从最初追求精湛工艺、极致细节和结构与形式的平衡，到现在探索不同材料创新功法、多元材质相互融合和国际美学与本土市场的平衡，MZGF 木智工坊在速度、数量与质量的制衡中稳健成长，朝中国的国际化一线品牌大步奔跑。2017 年，公司大力扩充国际美学产品线，将追求高品质生活的愿景融入每一件产品，研发出一系列具备卓著独特性与融合性的新品。同时，大力提升服务水准与配套体系，用实际行动践行“用心创造完美，诚意感动客户”。

怀生国际设计

设计，就有如描绘素描般，每刻画一笔，即能使空间的画纸更添精致。设计团队深知，生活质量方为设计空间之本，设计者更应无时无刻充实自我、用心体会生活，通过扎实的实务经验与工程质量的控管，实现每一位业主心中日夜冀盼的空间作品。能亲眼看见业主抱持着享受去体验优质的生活质量，就是怀生国际设计对于设计保持热忱及动力的一切之泉源。

思维空间设计

设计目的是要让人造的环境更有人性。

思维空间设计深信，装修不单仅余美感，它关系到空间、功能、人员及永续。
当设计层面转换成实务需求上，需要达到一个平衡，并让使用者生活因设计而更加美好。

思维空间设计 (Thinking Design) 创立于 2012 年，承接室内、商空设计规划，整合空间与机能的平衡性，提供相关的经验与专业，将理想实际落实。

刘睿

工作年限：8 年
中国建筑装饰协会优秀设计师
第十二届中协杯百强新锐设计师
第四届中国国际空间环境艺术设计大奖（筑巢奖）提名奖

设计理念：设计源于生活，融于生活，亦是对生活追求的一种感观体现。

擅长风格：现代，北欧，现代美式，新中式等

漾设计公司

漾设计（Young Design） 公司成立于深圳，是一家以精品家装为主、工装为辅的设计型公司。公司针对全国各类大、中户型进行精品家居设计，曾有多套成功的案例，并在国内外获得各类奖项殊荣。公司主要以年轻时尚为主要的设计理念，采用家居全包模式，从材料、硬装、软装等几个方面同时着手，实现家居设计理念一体成型的最终效果。

橙 果 創 意
CORANGE.IDS

橙果创意国际设计

在每个设计装修案里，橙果创意是屋主的协助者与美学的桥梁。

依屋主的生活形态、使用需求等理性层面及偏好的风格、光线运用、色彩运用配搭等感性层面，提供建议来完成屋主心中的家。

大晴設計

大晴设计

出身建筑背景的大晴设计，着眼于空间的根本，从视觉、动线、采光、尺度、健康等角度出发，擅长规划空间格局与使用者的人体工学。

运用感知调整、材料特性及色彩来塑造空间感受。最重要的，是大晴设计很重视材料可以触摸到的手感与光的晕染，不论是视觉或碰触，大晴设计为你打造的家都会是一次充满变化且细致的游历过程。

南京尔我空间设计事务所

于 2017 年注册成立，专注于室内设计及配套软装的专业设计机构 。90 后新锐设计师丁鹏文是事务所创始人，致力于住宅空间和商业空间设计。秉着 create a world for you（为你创造一个世界）的设计精神，专注做定制化空间设计。

余颢凌

尚舍设计 设计总监
STUDIO.Y 余颢凌设计事务所创始人、设计总监
凌尚舍陈设艺术馆 创始人、创意总监
BCSD 建筑设计咨询（上海）有限公司 合伙人
中国建筑学会室内设计分会（CIID）成都专委会副秘书长
中国建筑学会室内设计分会（CIID）成都木兰会会长

主要荣誉
金堂奖 • 中国室内设计评选年度优秀休闲空间(2016)
APDC 亚太室内设计精英邀请赛 • 住宅空间设计类大奖（2017）
2017 年现代装饰国际传媒奖 • 年度陈设空间大奖
2017 年金瓦奖 • 年度住宅空间银奖

南京啓易室内设计公司

啓易设计致力于住宅、商业空间、样板间等空间营造。公司从设计到陈设，从硬装施工到软装服务都有着非常丰富的经验和成熟的服务模式，为客户提供商业设计定位、格调定位、审美形式定位、价值定位等全方位设计服务。

公司实景案例众多，美式、现代风格尤其突出。其中获奖作品多达数十套，多套作品由国内外书刊报道，十余套作品获得不同项目大奖。

力设计有限公司

力设计有限公司是中国当代设计的焦点之一，是拥有多名优秀的年轻设计师的专业性团队。自 2012 年成立至今，力设计始终秉承创新精神，是室内领域的开拓者，竭力为业主提出设计与工程的最佳解决方案。在设计中，力设计善于发掘传统文化中的可能性，赋予每个设计鲜明的个性和旺盛的生命力。秉承对客户的需求为首位，尽可能完成空间的丰富性。配合数字化分析工具和国际先锋的设计方法，致力于真正属于客户自身的贴合设计。

公司提供专业室内、产品（软装）的设计和咨询；融合设计、商业和文化、艺术之间的关系—项目因此而提升价值；提供度假酒店及高端地产项目的设计服务。

以勒室内设计工作室

以勒室内设计工作室建立于 2006 年，于 2013 年正式成立成都以勒室内设计有限公司，主要致力于住宅、接待中心、样品间的空间营造。从硬装到陈设都有着非常丰富的经验，准确的商业设计定位、格调定位、审美形式定位、价值定位等全方位设计服务。

张肖

国际建筑装饰室内设计协会认证室内设计师
国际室内设计师协会会员
中国台湾、日本室内装饰设计行业交流学者

他为设计而生，本着天人合一道法自然的设计理念和对生活别样的追求，不走寻常路，是对他最好的诠释，熟悉运用东方传统，自然，时尚元素，赋予东方生活新内涵，成功塑造当代东方美学的生活形态

谢辉

ACE 谢辉室内定制设计服务机构 设计总监
米兰理工奢华酒店设计与设计管理专业硕士毕业
2010 年创办 ACE 谢辉室内定制设计服务机构

奖项：
亚洲室内设计竞赛银奖（2016）
第十四届现代装饰国际传媒奖年度软装陈设空间大奖
中国国际空间环境设计大赛 筑巢奖 娱乐空间类 金奖（2015）
年度国际空间设计大奖 艾特奖 娱乐空间设计成都地区最佳会所设计奖（2015）
中国年度室内设计总评 金堂奖 优秀作品奖（2015）

谢培河

高级室内建筑师，AD ARCHITECTURE 创始人及总设计师，致力于室内建筑空间的创造及空间体验性的营造。
设计从生活中来，提取感性的设计灵感与理性的设计手法，让每一个设计都从零开始，打破惯性的设计思维，让人感受每一个空间不同的体验与乐趣。

2015 年中国（上海）国际建筑及室内设计节“金外滩奖” 入围奖
2015 亚太室内设计精英邀请赛 入围奖
2014 中室协国际室内设计“双年展”
2014 居然杯 CIDA 中国室内设计大奖 银奖
2013 广东环境艺术设计国际大赛专项奖 银奖 铜奖

柏舍励创

开启梦想之门，柏舍励创伴你成就梦想之路。柏舍励创为设计师建立展示才华的平台，鼓励梦想者创新，追求多彩的理想。为人们描绘理想蓝图的设计师聚集于此，并肩奋斗，快乐设计。
我们塑造高端的设计品牌，附属机构包括柏舍设计、本则创意、5+2 设计及利奥软装，以多元角度面向市场需求，实践可持续发展的设计团队管理模式。

柏舍设计是梦想的建造者，对这份责任他们充满热诚。作为室内设计的高级定制师，志存高远而脚踏实地；热爱生活，善于交流，同心协力，勇于承担。
凭敏锐的市场触觉、丰富的实践经验，匠心独运，享受创作与挑战，善于分析每个项目的定位，提供策划、方案、施工指导、软装配饰等专业、系统的概念与服务。

杰玛室内设计

杰玛室内设计 设计总监 游杰腾 Jeff

设计是从生活开始，经过设计者与使用者间的对谈，在生活中每一个细微处，透过设计价值的具体演绎，使融入生活中的对象与场域，能扮演提供美质生活的桥梁，并延伸到更广大的每一处。
一路走来的设计作品风格自然、清晰，运用空间中隐藏着的轴线关系，创造出合谐的比例。

所获奖项
第八届中国国际建筑装饰及设计博览会年度室内设计十大新锐人物 (2012—2013)
第八届中国国际建筑装饰及设计博览会年度室内设计百强人物
Idea-Tops 艾特奖最佳公寓设计提名奖 (2016)

华成美域软装

四川华成美域装饰设计有限公司，是一家专业从事精装房、样板房、别墅、酒店、会所、茶楼等后期整体软装设计与施工的专业性公司。本公司以软装设计为主导，为客户搭建代购、定制、物流配送及陈设的平台，从设计到陈设，从采购到安装，一站式解决客户从硬装完工到拎包入住之间的所有后期软装需要面临的问题。华成软装从创立之初至今，华成人一直遵循合作、沟通、创新的经营发展理念，用专业的审美，把设计入微到生活的每个细节，华成的设计师对每一个项目倾注的时间与热情，让每一位客户都放心满意，华成一直相信精诚团结才会有不断超越、不断进步的卓越表现。

文青设计

文青室内设计机构成立以来一直致力于建筑及室内空间的设计和研究，以为客户提供高水平设计服务为目标。依客户所需，对每项任务均认真研究，强调创意，不断进取，并以全方位的服务创造高素质的人性空间。

林仕杰

2006 年 崑山科技大学 空间设计系
2010 年成立甘纳空间设计工作室 / 创意总监

陈婷亮
2006 年崑山科技大学 空间设计系
2007—2011 年专业设计师
2012 年 甘纳空间设计工作室 / 设计总监

公司简介：
甘纳空间设计成立于 2010 年，以空间改造有无限可能为宗旨，为空间创造出未来 be going to （将要）的美好愿景。“甘”为愉悦甜美，“纳”则取其容纳之意，代表着甘纳以谦卑态度面对空间与人之间的关系，进而设计出舒适美观与实用兼具的空间。

深圳市零次方空间设计有限公司

深圳市零次方空间设计有限公司，成立于 2014 年。我们的团队成员在国内著名设计事务所共事十余载，具有丰富多元专业经验，专业知识覆盖面广，专注于高档售楼处、高端样板房、精品酒店、商业办公、私人会所及定制豪宅的设计；建立了完善的项目运作与管理系统，有效控制项目实施全过程的顺利进行，保障设计成果的完美实现，积极分担客户在项目管理方面的投入，为客户提供高端全面的设计服务。

该公司曾服务过万科、华润、保利、中海、中冶、花样年、复地集团、祥源集团、深圳中粮集团、北京 MOMA 等全国各大城市地产公司及企业。项目遍及深圳、香港、上海和重庆等全国各大城市。曾获得“星河第三空间住宅类设计 金奖”“APIDA 22 届亚太室内设计大奖赛别墅类 金奖”“美国 IIDA 国际室内设计大奖”“Hi-Design 室内设计大赛”等国内外室内设计大奖。

CONCEPT 北欧建筑

改变，是 CONCEPT 北欧建筑的初衷；“让空间反璞归真”，是 CONCEPT 北欧建筑的目的。曾经，空间设计产业，是地球资源耗损的帮凶，人们拆除、重制、包装。为了追求美感，人们不断在丢弃与制造中轮回。如今，空间设计产业应是绿化地球的推手。在 CONCEPT 北欧建筑的观念里，建筑，不应该只是盖一个房子让人进去住，而是依照人的需求建造一栋房子。同样道理，对于室内设计也是一样。家是用来乘载人的生活。而生活，是一个复合性的概念。要懂得将屋主的生活融入设计当中，要懂得将建筑与在地人文结合，设计师需要的不仅仅是空间美感，所有生活的食、衣、住、行，环保与工程，自然与城市，全都要考虑到，并且，在所有设计从 0 走到 1 时，就要全面整合性得考虑。将人的感性与空间的理性结合，CONCEPT 北欧建筑从一个深邃的原点，逐步地诠释关于空间的故事。

GROWTO 耕图国际

GROWTO 耕图国际由知名室内设计师郑军于 2010 年创立，多年来该公司为一大批高端客户提供顶级品质室内设计与建筑等专业服务。GROWTO 耕图国际拥有一批高素质的资深设计师团队。确保了每一个项目都得到高效的执行，从项目的整体规划到贯穿细节的施工图设计再到现场管理及各种部门验收都能确保由最专业的人士督导完成。此外为了让客户得到最为国际化的设计建议，公司还与国际知名建筑设计、工程事务所及专业咨询团队建立良好的合作机制。通过长期积累与对生活的不断感知，GROWTO 耕图国际以高端私宅定制设计而闻名，GROWTO 的作品在国内外获得一致好评并获得了无数设计大奖。

東羽設計
个性定制设计服务机构

东羽设计

宁波东羽设计机构——集专业家居设计、专业家居施工、专业家居软装配饰为一体的装饰设计品牌！坚持专业高端设计公司，完整家居服务机构的品牌定位。专注于中高端家居装饰服务。公司创始于 2007 年，前身为东羽个人独立设计工作室，凭着极具高度的设计水准，专业优质的服务精神，逐渐被业内及众多客户认识认可，形成良好的口碑并迅速发展壮大。东羽设计团队一直以其独具匠心的优质设计活跃于室内设计界，并积累了大量的优秀作品与成功经验，并始终坚持以设计为核心竞争力，重设计，长设计，以高品质设计带动优质施工是我们倡导的经营理念。优越的资源平台，专业的服务队伍，高质的理想设计，尽在"东羽设计"！

李忠光

中国室内装饰协会高级室内设计师
中国室内装饰协会高级室内建筑师
CIDA 协会会员

所获奖项
中美国际设计大奖家居空间类 - 金奖（2017）
美国洛杉矶第二届中美国际设计交流展暨中国国际设计大奖赛金奖（2017）
美国 TOP100 全球影响力华人设计师（2017）
百利玛"BERYL 杯"国际高端住宅设计大赛 -"优秀设计师"，作品在深圳等城市展出（2016）
"2016 第四届 +G 金创意奖国际空间设计大赛"专业奖— 十佳设计奖。

禾观空间设计

两册专注于简单而舒适温暖的设计，通过室内装饰的减少，来寻找比例、材料和空间三者的平衡。
生活没有公式，设计同样也是。禾观空间设计为每一个房子中的生活想象 精心规划、重新安排 形塑成一个家。

大斌空间设计

大斌空间设计成立于 2009 年，拥有多名优秀的年轻设计师和专业技术人员。使该公司工作室室内设计行业成为创新的先行者，竭力为业主提出设计工程方面的最佳解决方案。历多年的发展，公司得到了客户及同行的赞许和认可，作品也赢得设计界的广泛认同，屡获国内各项大奖，作品并被各大媒体、书刊收录。

2016 年参加梦想改造家网络版 wow 新家录制苏州项目改造
2016 年获得焦点奖金奖
2016 年作品《印迹》《小森林》在央视样板空间播出

深圳华墨国际设计有限公司

深圳华墨国际设计有限公司是一家专门为高档商业地产城市综合体提供室内设计及陈设艺术整体配套解决方案的专业公司。现在已经形成了深圳辐射华南、西南、华北地区的三足鼎立的服务布局，公司以设计为主、陈设软装为重点关联的领域里精耕细作。
在陈设软装方面，公司集专业陈设方案设计、定制及供应为一体。坚持软装产品以综合性、创新性、专业性以及性价比高而极具选择价值，创造独特设计、高尚生活品位及优越品质的产品让原有空间的美感得到最大程度的提升。

杨洋

温州澍一空间设计有限公司 主理人
未来软装艺术廊 主理人 设计总监
中国美院软装毕业

设计来源于生活，为生活而设计，关注时代，关注社会趋势以及生活方式的行为体验，在每一个设计中寻求洞见与策略，用生活体验的设计风格表达在每一个作品之中。

图书在版编目(CIP)数据

北欧小清新 / 先锋空间编. 一武汉 : 华中科技大学出版社, 2018.6
ISBN 978-7-5680-3929-1

Ⅰ. ①北… Ⅱ. ①先… Ⅲ. ①住宅一室内装修一建筑设计 Ⅳ. ①TU767

中国版本图书馆CIP数据核字(2018)第067349号

北欧小清新
BEI'OU XIAO QINGXIN

先锋空间　编

出版发行：华中科技大学出版社（中国·武汉）　电话：(027) 81321913
武汉市东湖新技术开发区华工科技园　邮编：430223
出 版 人：阮海洪

责任编辑：杨　森
责任校对：吕梦瑶
责任监印：秦　英
装帧设计：大青设计

印　　刷：深圳市雅仕达印务有限公司
开　　本：1020 mm×1440 mm　1/16
印　　张：22.5
字　　数：180千字
版　　次：2018年6月第1版第1次印刷
定　　价：398.00元

華中出版

投稿热线：(010)64155588-8000
本书若有印装质量问题，请向出版社营销中心调换
全国免费服务热线：400-6679-118 竭诚为您服务